好的孤独

陈果 著

山东画报出版社
济南

果麦文化 出品

享受孤独，就是在享受自由。

序：懂得孤独，便也懂了爱

形单影只，使我们感到孤单。因为孤单，心理上生出了一种空虚感，于是有了寂寞。而人是因为爱，因为有了绵绵不绝的深切思念，才有了深不见底的孤独。

孤单是物理性的缺失，寂寞是心理性的缺失，孤独是存在性的缺失。孤独者，缺的不是他人的陪伴、热闹的消遣，他真正渴望的是爱，是能够与他相契相融的另一个灵魂、一个知己。

找到知己前，学会做自己的知己，懂得享受独处时光，便有了好的孤独。把独处中的自知自爱，推及相处时的知人爱人，便是好的爱（情）。

随着年龄的增长，似乎也越来越理解什么是孤独，什么是爱，什么是必要的孤独，什么是美好的爱……于是一边梳理，一边在原有书稿的基础上做了这一稿的修改。对于孤独也好，爱也好，总体观点没有改变，内容则根据近年来一些新的思考与理解，做了增减。浅论拙见，仅供参考。

陈果

2024年初于上海

目 录

第一章　好的孤独

直面孤单　　　　　　　003
孤独与寂寞　　　　　　006
好的孤独　　　　　　　010
保持尊重的距离　　　　013
留一点闲情做自己　　　017
孤独与思想为伴　　　　021

第二章　孤独的共享

友情是什么　　　　　　029
可贵的朋友　　　　　　032
深沉的爱　　　　　　　036
血缘家族与精神家族　　043

第三章　成为更好的自己

西西弗斯的人生　　　　049
是你创造了你自己　　　059
C'est la vie（这就是生活）　064

第四章　自我的位置

找寻自我　　　　　　　　071
外功与内功　　　　　　　076
幸福的类型　　　　　　　080
最高成就：立己达人　　　085

第五章　从自知到自信

自负者不自信　　　　　　091
重要的是尺度　　　　　　093
自信基于自知　　　　　　099
人格魅力　　　　　　　　105

第六章　从成熟到自由

人是桥梁　　　　　　　　113
成长的烦恼　　　　　　　116
成熟与天真　　　　　　　120
成熟的自净系统　　　　　127
成熟的开心　　　　　　　131
成熟通向自由　　　　　　136

第七章　从觉察到觉悟

觉察　　　　　　　　　141
觉悟　　　　　　　　　146
觉悟之乐　　　　　　　152
死生悠悠　　　　　　　156
以善意解读天意　　　　163
诗意的自然　　　　　　168
万物之道　　　　　　　171

第八章　用心生活

真诚之心　　　　　　　177
感恩之心　　　　　　　190
忏悔之心　　　　　　　195
好奇之心　　　　　　　199

附：把我说给你听　　　209

尾记　　　　　　　　　227

第一章　好的孤独

一个人无法忍受独处,很可能真正无法忍受的是他自己。

好的孤独,就是给自己一方空间,安心做自己,安然地释放自由。

直面孤单

人们常将孤独与寂寞混为一谈,总觉得这俩是难兄难弟,它们有个共同的起源——**孤单**。

人们常因"孤独"或"寂寞"而生哀叹,本质上是源于对孤单的恐慌,这种恐慌很多时候甚至超过孤单本身可能产生的实际负面影响。

人注定要承受属于自己的一切,生老病死,喜怒哀乐,在这一点上无人能够分担,无人能够代劳,再爱你的人也爱莫能助、束手无策。一个人的命运只能由他自己来承担,一个人生命中必然会有的很多孤单最终也只能由他本人独自去消化、去应对。如果孤单能够由他人分担,其实也就不成其为孤单了,不是吗?

人们对孤单的惧怕很多时候不亚于对死亡的惶恐，又或许两者在根子上是一脉相承的，因为对很多人而言，死亡就意味着永恒的孤单，死亡是绝对的孤单。

人们觉得死亡虽然可怕但尚且遥远，所以常常可以选择"忘却"，不去看，不去想，避开这个话题；人们对当下深切的孤单虽然难以忍受却又无可奈何，于是想方设法去掩盖、去逃避——回想当我们独自一人时，是否曾尝试以各种方式去呼朋唤友，试图以热闹的人群、嘈杂的环境、繁荣的社交来驱散内心的空虚、掩饰情绪的不安。假如只是躲避一时的孤单，这样做确实有一定效果。然而，这效果实在有限，因为天下无不散之筵席，再热闹的聚会总有曲终人散时。待到众人离场，孤单的你依然孤单着，甚至会因为由盛宴转入残局的落差而加倍感到孤单。于是，很可能你会再度进入如此这般的一个又一个轮回，一次又一次重复相似的操作……可最后的最后，人群的尽头，留下的依然是孤孤单单的一个你、我、他。这个循环往复、逃避孤单的过程，终是无解。

既然如此，何不试试其它办法，比如反其道而行？所谓"狭路相逢勇者胜"，当你下一次再遇见孤单，在你企图再一次转身逃开之时，不妨拿出一些勇气来问问你自己：这一次我就让自己这么孤单着，不惧也不怕，不躲也不藏，就这样只是跟我自己待一会儿,又会怎样?孤单又能把我怎样?

一旦你下定决心直面孤单,孤单往往也就不那么可怕了。所谓孤单,说到底,不过就是你自己跟自己待着,也就是一个人的独处。客观地说,不论你愿不愿意,人生就是有不少时间是自己跟自己待着,而自己跟自己待着这件事其实真没有那么糟,常常可以很有意思。当你有了这一层经验与了解,心理上自然而然就不再会那么排斥独处,那么惧怕孤单了。

当你接纳并学会独处,这实际上已在很大程度上帮你克服了孤单感,转而开始进入享受独处的下一个阶段。

孤独与寂寞

孤独与寂寞是同父异母的兄弟，都是孤单的嫡传，形式上有不少相似之处——看起来都形单影只，都独来独往；但它们本质上是两种不同的存在状态，因为它们从各自的"母亲"那里沿袭了全然不同的品格——孤独是思想丰饶的孤单，而寂寞是精神贫瘠的孤单。

如前所述，所谓孤单，通俗点说，其实就是一个人独处。

独处是中性的，无所谓好坏，换言之，独处可好可坏；如果我们尝试用儿童语言简单加以区分，那么这里的孤独可以理解为一种好的独处，是丰富饱满、自适自足的独处；寂寞则是一种坏的独处，是贫乏空洞、焦躁不安的独处。（作者注：为了区别于"寂寞"这种坏的独处，以下文本中提到的"孤独"，大多指的是一种好的独处。下文中的"孤独"与"好的孤独"同义，或可被理解为"好的孤独"的缩写，因语境不同时不时将二者混用，特此说明，之后不再做额外解释。）

"孤独"是一个人自得其乐的独处状态，自洽自在，自成一体。就像一个小女孩在嘈杂房间的一角静静地折纸、画画、凝视鱼缸中的小鱼，如此心无杂念，旁若无人，有一种将散逸于外部事物之中的眼光引回内心世界的专心致志，外在环境再怎么纷乱吵闹，似乎也不能侵扰角落里那一块自给自足、无所外求的个人空间。在熙熙攘攘的人群中，"孤独"是一个人与外界保持一定距离、保持自我完整性的必要方式。

"寂寞"意味着独处成了一个人的身心负担、急于冲破的精神牢笼，独自一人的状态让他既无所适从、内心焦灼，又无精打采、百无聊赖。独处的他会因为心灵空虚感的突袭而时不时陷入难以自拔的各种负面情绪，无缘无故想痛哭流涕，想声嘶力竭地大喊，想在暴雨里狂奔，想逃脱这如影相随的精神低迷，如无聊、沮丧、忧郁、焦躁、压抑等。

"寂寞"是个暗黑幽灵，它吸取能量、吞噬美好，把人变成笼中困兽。如此，独处成了一个人亟待拯救的苦难。

"孤独"需要一个人有丰富的内心世界，这会使独处这件事变成一种难能可贵的自我沉浸与精神享受，你可以借着这一段独处时光不紧不慢地消化一些思想，悠然自得地耕耘你的兴趣爱好，这个过程可以充满喜悦与满足。

而"寂寞"是对独处的惊惧不安。当一个人内心荒凉、思想贫乏，独处特别容易催生一种精神的空洞感。精神一旦感到空洞，随之而来便会直觉到生命的虚无，进而怀疑自我存在的真实性和人生的意义……这一重重虚妄纷乱的思绪对寂寞的心灵而言犹如荆棘丛生，常常逼得人既无力应对又无处可逃，进退维谷。为什么"寂寞"的人特别需要有人陪，需要有他人在场？就是在借他人的存在，逃避自我的独处和灵魂的逼问。

很多时候，"孤独"可以仅仅是一个人自成世界的精神状态，而并不在于你实际上是不是一个人待着——当你内心自由自在，安适泰然，那么即使身处闹市、被人群包围，也依旧可以像急流中的一块浮木、沙漠中的一位托钵僧，穿行人世，心无纤尘，精神上完整地独处着。某一刻，当你收敛心神、沉入自我并享受孤独，人群便在那一刻从你眼中自动隐退，当喧嚣从你心中退去，其实你也从喧嚣中淡退，于是你"心远地自偏"，回归自身。

"寂寞"更像是一种病，是心理上的无名虚火、精神上的营养不良。就像病人们需要身边常有人陪伴，寂寞者同样需要用人群与喧闹来安抚治疗，需要通过迎来送往的热闹繁忙来逃离内心的烦躁迷茫。可惜物理性的陪伴终究无法消除精神性的空虚，寂寞者的抱团取暖，无法真正治愈寂寞，带来深入人心的平静与愉悦。就像无聊重复一万遍，终究还是无聊或更无聊，寂寞者的群体可能只是一个更大的寂寞，群体的寂寞仍逃不出寂寞本身，个体数量上再怎么叠加也改变不了寂寞的属性，叠加得越多反而可能会让寂寞更显无望。

所以，与其和他人一起"寂寞"，为什么不试试看换个角度，学着一个人"好的孤独"，来一点自安于世的独处？

好的孤独，是一个人心怀诚意地与自己面对面，撕掉所有标签，摘掉所有面具，放下所有的伪装与负担，就这样直面你自己，就这样做你自己。你可以摇头晃脑跟着音乐从一个房间蹦蹦跳跳到另一个房间乱舞一气；你可以安安静静地看看书写写日记；你可以对着太阳高歌"我是太阳"；你可以向着月亮女神柔声朗读情诗；你可以穿着大裤衩、夹脚拖，不修边幅地一边包馄饨一边听评书；你可以在阳光灿烂的下午去小河边走走，兴致来了哼首歌转个圈，向着大自然或者某个面善的路人问个好，笑一笑离开……

好的孤独，就是给自己一方空间，安心做自己，安然地释放自由。

好的孤独

孤独不是一种与世隔绝的姿态，而是一层自安自在的心境。

好的孤独，不必非要找一个荒僻的角落、一座人迹罕见的山林，从而隐居于孤寂之中。"重要的不是离群索居，而是独立思想。"（美国思想家爱默生《论孤独》）好的孤独，关键永远在于自我心灵能否诗意栖居，外界环境固然有一定的激发效果，却不起决定性的作用。好的孤独，是一个人在任何环境中都能做到精神的自在圆融；不必孤身，总能神游。

好的孤独者，很多时候可能独来独往，因为那样更为自主便利；好的孤独者，很多时候懂得沉默寡言，因为当他觉得与某人话不投机，或者对某个话题知之甚少，那么最好的回应或许就是闭口不言，做个安静的听众。但无论独来独往,还是沉默寡言,这些外在表象并不是孤独者的标志。我曾见过有些年轻人用酷酷的抽烟所制造的烟雾缭绕来营造某种深沉孤寂的氛围,或者借着酒精表现一种众人皆醒我独醉的沉默与忧郁,或者走颓废路线来标识自己我行我素、不为世人所理解的孤绝与独特……通常这些多半是一种装酷,是一种造型,是无知者对孤独者的肤浅想象,是在模仿和假装孤独,而在这些看似孤高的面具下实则藏着一颗急欲引人注目的虚荣心。这是假东西,没头脑、没思想、没灵魂,跟孤独无关。好的孤独,无须这么复杂多样的道具,仅需一颗独立思想的头脑。

好的孤独体现的是一种精神的自由,它不拘泥于任何外在形式。

从人类的社会生活看,好的"孤独",需要一个人有意识地进行自我培养、自我要求、自我修行,是一种文明的产物;然而反观大自然,你会发现原来孤独已然是一个由来已久、有着千百万年历史的古老真相,孤独是世间万物的本来面目。

人从离开母体开始,一直就是孤独的。

我们的皮肤隔开了我们的内在与外界的一切,我们就这样孤单地蜷缩在自我的皮囊之中;到了人生的终点,谁又不是孤独地离开呢？据说神明也是孤独的，正因如此，他们才造出了人类与他们做伴，向他们倾诉祷告。真理也是孤独的，能与之亲近的人，古往今来永远只是极个别。我们所居住的这个看似热闹的地球，其实也是孤独的，它悬于浩瀚广袤的宇宙中，不过是一颗孤独的蓝色小点，淹没在无尽的空间与无边的静默之中。

"孤独"无处不在，喜欢它或反感它，它就在那里，就这么顽固地刻在我们的命运里，没人否认得了，逃避得开。既然如此，不如学会把孤独当作生命必然的一部分。如果你接受生命，你就得学着接受生命的全部，包括生命中必然会有的孤独，你的孤独。然后，你可能会发现，当你接受了它，不再那么抵触它，渐渐地你会开始理解，孤独也有它特别的意义和价值，你可能从中得到其他任何一种状态所无法给予你的教育和成长。当你能从"孤独"里收获一星半点有益于你身心成长的营养，那就是一种"好的孤独"。

借着"好的孤独"，一个人会更懂自己，并由此开始去成为一个更好的自己。

保持尊重的距离

人与人，就像两个王国，各自应当保持宽阔、自然而适度的疆域，而在疆界之间，最好有一个中立地带；就像在海与海之间，最好有一片公海。

人与人之间，保留自我的边界，保持适度的距离，十分必要。这不是一种忸怩作态，或自命不凡，或自我中心，也不是为了自我保护而设置的防火墙，或是为了避责而预先与他人划清界限。边界的存在、适度的距离，实在有益于人与人之间文明健康地相处下去——不但能使人与人之间更完整、更清晰、更客观地领略到对方的全貌、对方的美，也将使亲密关系中的两个人，不会因为走得太近而失礼，或者因为过于熟悉而忘记了应有的尊重与敬意。

保持适度的距离，并非出于冷漠，而恰恰是因为尊重、因为自重、因为关爱。正像俗话说的"距离产生美"，人与人如果靠得太近，往往就会看不到对方的整体了，就像我们照镜子时，如果靠得太近的话，就只能看清自己的某一个局部，而无法看清全貌，这就像把两块石头同时丢进池塘，当它们距离太近，就会彼此干扰，破坏各自完整的涟漪荡漾。

现代生活中人与人的接触愈加频繁，互相之间的距离着实切近，人们似乎总在有意无意间与某个人在对话，即使你看似只有一个人，没有另一个人跟你共处一室，与你进行面对面的交谈，可实际上你并非真的在独处，你仍在借用手机、电脑等各种科技手段，与另一度空间或虚拟世界里的另一个人对话着。

忙碌的工作与热闹的生活使人们总在和这个人或那个人、外人或家人说着话，而唯独没有多少时间留给自己，跟自己说说话。这种与自己的相处和对话，无须发声，也无须手指在按键上操弄，只需自我意识转个身、回过神，看一看你自己，静静地和你自己待一会儿。

恐怕也正是因为我们现代人总是跻身于这个或那个人群之中，"人"这种生物似乎逐渐变成了一个数量过剩的存在，我们逐渐对"人"在不知不觉中产生审美疲劳，对"人"不再抱有兴趣，不再感到好奇。每到节假日，人们所谓的"休闲散心""旅行放松",实质上就是在逃避人群、躲离喧嚣,寻找无人区,找回孤独。我们对人、对人性、对人的精神越来越失去青少年时代的惊奇与探索。

无形中,"人"在我们的心目中已然不是宇宙中最奇异的一种"美",却成了一种破坏美的强势力量;"人"不再是大自然中最富灵性的智慧体,却成了我们最急于解脱的精神压力。

我们涌向城市,却对人毫无兴趣;我们每天与人打交道,却对人充满倦意,这似乎成了一种生活的现实,却是现实的可悲。

保留必要的边界,保持适度的距离,还原每个人的完整性,这会使每个人重新成为一个独立的世界、一道独特的风景。人与人因独立而互相尊重,因独特而彼此欣赏。当彼此间的距离超出肉眼所及的视力范围,这种尊重、欣赏、关爱便转化成了一种思念——思念,是一种精神的凝望、情感的牵挂。

多年前,我在加拿大访学,那会儿与祖国、与家人的物理距离达到了从小到大前所未有的遥远。但奇妙的是,正是那段时间我与家人、与祖国的心理距离却也达到了前所未有的亲近。但凡电视节目中偶尔冒出几句汉语,就足以引起我的激动和关注，关于中国的任何新闻或故事，更是让我兴致盎然。当我在学校的礼堂里，从一百多面国旗中找出中国国旗时，我久久地凝视，百看不厌，好像从此有了一层新的认识，不知不觉中我一只手摸着旗，另一只手摸着心，似乎就在一刹那我明白了什么是牵挂，什么是故乡，什么是乡愁。

母亲曾说"人总是对最亲密的人最残忍"，恐怕就是因为亲密关系中的两个人距离太近了。太近的距离就像放大镜，有时会把对方身上的一些弱点、缺点放大，而原本远观时曾一度引起我们赞叹不已的那些优点却成了近看时的盲区。太近的距离会制造一种错觉，仿佛我们理所当然有权要求对方为我们做任何事，而无须考虑对方的心情、感受与需求，就此人们开始相互指责、相互嫌弃，丢失了尊重，忘记了爱，不再包容，不再礼貌相待，不再心存感恩。常言说"距离产生美"。保持适度的距离，其实是在维护必要的尊重。因为尊重是一切美好关系的基础。

留一点闲情做自己

人群拥挤所带来的喧闹，驱散了我们所拒斥的寂寞，却也搅乱了我们所渴望的内心的宁静与闲情，使人变得心烦意乱、心浮气躁；宁静与闲情赋予了我们发现他人之美、阅读自我之美、欣赏生活之美的可能性。

你可能会发现，那些内心安宁沉静、善于独处的"孤独者"，不一定特别偏好旅游，似乎他并不需要通过四海云游来发掘生活的新奇，即使在看似最平淡而熟悉的生活环境中，他一样能够窥见新的美感，找到新的欢乐。对他而言，"日新月异"是日常生活的本相，乍一看单调而千篇一律的朝朝暮暮、日复一日，并不让他感到乏味，他能在自己所熟知的环境中敏锐地感知今日之不同于昨日、此刻之不同于往昔的一些微妙与新奇，并饱含生趣地宜室宜家。就像一双特别敏感的耳朵即使在人声鼎沸的嘈杂声中一样能听见一根绣花针落地时那一声清脆的"叮"而微微一笑,他们对生活的热忱,无需太多外部环境新鲜事物的刺激,因为他们内生新鲜的眼光,自带清新的心灵,能通过个人情趣的介入,把周而复始的一天又一天,用自己的方式过出新意。

我认识的一位老者,便是过着如此的生活。老先生退休后,每天一大早起床,提着鸟笼去公园,在他专心致志打几套太极拳的工夫,他的鸟就在一旁的树枝上左顾右盼、自说自话啁啾鸣叫,或者和隔壁枝头上的鸟合唱几曲。上午的时间,他常常与一众新朋老友相约,拉拉胡琴,开开嗓子,有模有样唱会儿京剧;中午在家吃完饭,看会儿报纸,戴上睡帽小憩片刻;午觉结束,换上遮阳的巴拿马草帽、戴上厚实的劳动手套,侍弄花花草草,而他的花花草草也因为他的精心养护长得格外漂亮迷人;到了下午茶时间,老人的夫人端上一些外卖或自制的茶点,两人同坐在花草边,吃吃聊聊赏赏花;偶尔他也摊开文房四宝,练练字画,逢年过节时自用或赠人;等到吃过晚餐,他去散步,顺道买些菜、点心或生活用品;之后回家,与妻子一起看看电视、听听广播、说说话、吃点夜宵;夜深了,洗澡睡觉……可能因为长期练太极,这位老先生腿脚灵便、身手敏捷,常常还会路见不平拔刀相助,曾有过一次公园里协助"抓小偷"的行侠仗义之举——

只字片语，道不尽这侠骨柔情、充实而自足的生活。

我曾在某一个月夜，读到过一本书，书里那位九十二岁的老人，虽然已经面对月亮几十载，可每每当他置身于广阔天地间，抬头仰望苍穹，仍会不由自主深情感叹："今夕何夕？月出皎兮！"人的一生，日复一日，可是你看，今晚的月亮真美啊！

为什么我们古代的圣人贤哲追求"乐群"的同时，还格外讲究"慎独"，将它视为个人修养的崇高境界呢？

这是两种互相无法替代的快乐，古人在两者间发现了一种独立且平衡的关系。所谓"乐群"，以诚待人，宽厚包容，享受人群中多元多极的碰撞与交流，从他者的观点思想中得到灵感，观照自己，从相互的尊重与关爱中汲取真情，彼此滋养；同时，当我们从人群中抽身而出，在喧哗里隐遁，回到独自一人的状态，我们能如实地看待自己，认真地听自己的心声，即便一个人也能用心生活，是为"慎独"——以诚对己，能直面自己内心生活的喜怒哀乐，能享受精神世界的多姿多彩。简言之，"乐群"——当在人群中，你好好地与人相处，做一个不错的同伴；"慎独"——当单独一人时，就好好地与自己相处，留一点闲情，安心做自己。

一个人真正能给自己的独处时间其实并不多，一个人若不是在忙于处理吃喝拉撒睡等自然本能，便是在繁忙复杂的社会生活中应接不暇地应对各式各类的人或各种各样的任务。人的大多数时间都处在远近各异、形形色色的人群之中，真没多少时间可以专属于自己，真没那么多机会可以给你，让你做回真实的自己，做你喜欢的事，以你感到舒服的方式度过时间。客观上越是没时间，主观上就越要珍惜那些点点滴滴、零零星星、来之不易的独处时刻，重新与自己对话，恢复对自我的探索。

　　当我们真正懂得独处的美好，也会更加珍惜人群的美好。体验孤独，其实就是在感受自我；你学会享受孤独的这一刻，其实是你做回自己、安于自我的那一刻。你以为这只是孤独，最多是一种好的孤独，不，当你做到了好的孤独，其实你是做回了好的自己，这是一种自处自为的能力，也是在社会生活与精神生活之间尽力两全的一种平衡艺术。

孤独与思想为伴

很多人对"孤独"抱有种种误解,比如,人们常以为丰富有趣的生活一定意味着流光溢彩的各种社会活动——结交天下名士、游历世界各地、穿梭高档酒会,阅尽奇人异事,那才刺激好玩,多么精彩纷呈!正因如此,人们也就常以为"孤独者"一定过得比较无趣乏味,再怎么好的独处,终究还是独处,单独一个人的所见所闻所思所想,又能有多大的丰富性,又能有多高的品质?

事实正好相反,一个好的孤独者,一个跟自己待得住的人,一定有一个富足而有趣的灵魂。

好的孤独者,独处于他而言,常常可以是一种优游度日、自得其乐的自我消遣方式,他善于自选节奏、自选内容,他可以安坐河边悠然钓鱼,也可以自编曲目自弹自唱,可以发明一些新菜谱,也可以自创一套十禽戏……好的孤独者,他的心智可不是一潭死水、暮气沉沉,而是如一个开掘不完、取之不尽的灵感宝藏,源源不绝地涌出各种精神的资源、心灵的养分。

一个同龄人曾告诉我,他无所事事的时候,会随意跳上一辆公交车,坐到终点站,再任意换坐另一辆公交车,坐到另一个终点站……他漫无目的地一路游走,当一个世界的局外人,一言不发地看着沿途的街景、人景、早市、夜市,实在很有意思。也不知道为什么,听他说的时候,我禁不住微笑,未曾亲历,却能感受其中的闲散与浪漫,犹如一枚人间散仙,在高空腾云驾雾,兴味盎然地将地面上发生的一切尽收眼底,然后一笑而过,悄然而去。

另有一个小朋友,为了写一篇关于喇叭花的日记,坐在小板凳上,守在一朵喇叭花旁,一守就是大半天,废寝忘食,她说她在等待花开。在她的日记里,我读到了这样的一句话:"我守护着喇叭花的成长,而爸爸妈妈也以同样的专心守护着我的成长……"那一刻,我的眼前既有浅蓝色的喇叭花开,也有一朵娇嫩心灵的悄然绽放。

一个甘于孤独、安于孤独、乐于孤独的人,必定热爱思想。因为能令形单影只变得趣味横生、创意不绝、散发诗情画意的唯一源泉,恐怕只能是"思想"。孤独者的情趣,是思想者的快乐——因其宽广而无穷，因其深刻而奇妙。思想使独处其乐无穷。就像哲学家帕斯卡所说："人只是宇宙中的一颗微粒，可人的头脑却能思考整片宇宙。"整个宇宙的生命讯息，在为孤独者输送内容与能量。

独处是最佳的读书时光，我们可以贪婪地汲取智者用一生总结出来的经验和智慧，与他们发生超越时空的精神共振。有时，我们内心某个晦暗的角落会因为书里的一句话而被瞬间点亮；有时，他无声地说出了我们的想法，他看我们比我们看自己更通透，他的文字将我们一拳击倒，那一刻，我们感觉到的是一种"理解"的美妙，一种豁然开朗的幸福。

独处使思想的流淌更为畅通。我们暂别了生活的人流，进入自己的心流；我们结识了心灵的知己，他们融于我们的存在，跟我们永远在一起。

有时，独处使我们不知不觉会滑入一种近似发呆的时间停滞状态。你只是倚着树，望着远方的云，久久出神，渐渐地，你成了云，云成了你，云点化了你的心。那一刻，你消失了，世界也消失了，你成了流风中的飞雪、空气里的一丝微风，因自然张弛而聚散，随天地呼吸而流转。借用道家的语言，你在天地之间"羽化"，与道、生命和自由融为一体。

那时候，一只随风起伏翻转的塑料袋，在你的眼中也可以充满诗意，富含哲理；一片枝头摇曳的枯瘦黄叶，也足以通达你的心底，化作生命的一则寓言，激起你无限的遐想。

独处中，自我与外界的隔阂，在与万物的神交神游中冰消瓦解，在物我两忘里，我们与自然和谐统一。

不要装扮孤独，故作孤绝清高状，假的真不了，摆酷拗造型终究无济于事，形式的完备无法替代精神的自足。

不要惧怕独处，惧怕也没用，很多时候独处不是一个选择，而是无可选的命运，一个人独自来、独自去，是生命确定的两端。但凡是命运，便是命中注定，是逃不掉的，既然逃不掉，不如转身应对，诚心诚意对待它、度过它，用生命中这必然存在的独处时间好好款待你自己，使这时间变得温润生光，值得你长久回味。

珍惜属于你自己的一切，即使是痛苦、烦恼和孤独，你的珍惜会给你带来好运。这些原本只能激起愁容泪眼、惊恐挣扎的东西，可能会因为你的善待与珍惜而产生一些新的成分、新的元素，就像化学反应那样，它们从某种一无是处、令人嫌恶的旧物质变成另一种给你启迪、使你成长的新事物，从一堆杂乱无章的负面情绪转变为了一些深刻成熟的正向感悟。

寂寞发酵空虚，孤独催生思想。无论历史上或现实中，灵感总是对善于独处的人情有独钟，别有一份厚爱，似乎上天常把深邃的思想作为礼物，对孤独者慷慨奖赏。思想者千差万别，却往往有一个共同点：他们的思想大都在孤独中萌动，在孤独中酝酿，在孤独中降生，在孤独中历久弥香。《道德经》的作者老子是如此，《南华经》的作者庄周是如此，《瓦尔登湖》的作者梭罗是如此，《一个孤独者的散步》的作者卢梭是如此，康德如此，尼采也如此……回忆一下曾经发生在你自己身上的那一刻恍然大悟，是不是也如此？

一个人无法忍受独处，很可能真正无法忍受的是他自己。前面说过，所谓独处，就是你跟自己待在一起。当你喜欢一个人、爱一个人，你是多么享受与他单独相处的每一分每一秒，你是多么不希望被其他人中途打扰。所以，一个人得是多么不喜欢他自己，才这么难以忍受和自己这样一个人、和这样的一个自己相处？你是有多么讨厌这个自己，才会觉得跟自己单独相处是如此饱受煎熬的一件事，让你恨不得即刻逃离？你看，你逃离的哪里是寂寞，你其实是在逃离自己，不是吗？

当你不再惧怕孤单，当你学会安心独处，当你善于享受孤独，其实你真正开始懂得如何跟自己交朋友，如何把真实的自己视为生活中的一个朋友，以诚相待，认真相处。当你学会如何心平气和地用善意去看待孤独，如何从一个人的独处中学会自得其乐，其实你正在跟你自己变得越来越亲密。

而与这一过程同时发生的还有其他几件事——你会更了解你自己，你会逐渐成为你自己的知己，你会更懂得怎样做才是真正的自尊与自爱……善于独处，说到底，就是在独处中感受自在之安、思想之乐。

享受孤独，其实就是在享受自由。

第二章 孤独的共享

你还是你，他还是他，
你们安于彼此的相伴，却共享着各自的孤独。

友情是什么

友情之美,来自精神的合拍,历经时间磨砺和现实考验而不变。

不要轻易断言谁是谁的"朋友"或"知己",这很难说。因为还没来得及看清彼此的价值观,还未了解在关键时刻,面临现实的诱惑或鞭挞,自己或对方究竟会如何取舍,也不知道双方在"何所为""何所不为"的道德底线上能否真正言行一致。

患难与共的信任感并非一朝一夕能够建立,也不是用某几个公式可以归纳的人世定理,环境在变,人心在变,"日久见人心"——决定你我能否成为朋友的,既不是你,也不是我,而是时间。

时间有着无可匹敌的、揭露真相的力量,它直率、犀利,在时间中,真相大白,也正是这一个又一个由时间串起的真相，使得两个人要么越走越远，直至互不相见；要么越走越近，甚至相伴终生。时间会使人不知不觉中淡忘一个人，即使他还活着，对你来说他已不在；时间也会使人对另一个人刻骨铭心，哪怕他已死去，于你而言他犹在眼前。时光如镜，鉴证人心，而朋友便是在流逝的时间中始终站在身边、留在心底的那少数的几个人。

很难给"朋友"下一个明确的定义，友情不落俗套，属于世界上最不庸俗的几样东西之一，它的特征基本上都超然世俗标准之外。

首先，朋友双方都应是头脑清醒、人格独立的人，唯其如此，才能明确鉴别什么是友爱、什么是依赖，什么是独立、什么是孤僻，才不会把友情变成一个唯我独尊的"主宰者"和另一个思想缺位的"跟从者"，才不会混淆友情与暧昧。

"朋友"，可不是备用的男朋友或女朋友——如果有人这么想这么做，那是对友情的亵渎，也是对爱情的侮辱。真正的朋友关系坦诚而纯净，容不得混乱与浑浊、算计和利用。

其次，正因各自独立与相互尊重，朋友之间不以友谊为理由进行情感绑架，施加行动约束，友情不是牢笼，不设任何禁令，完全基于双方心甘情愿的自律与自觉。

朋友间交好，因为常有共识，常感默契，但绝不强求一致；朋友间互相探索、启发、保护对方的真性情，而不会勉强对方做他所不愿的事，成为他所不是的人，这才是为友之道。友情中人，互存发自内心的诚意与关心、尊重与爱护，他不会将友谊作为自身肆意妄为的特权，好像因为对方是你的朋友，你就可以对他无礼放肆、口不择言，或者你可以罔顾是非对错，理所当然地要求你的朋友在一切情况下给你支持和帮助。

友情双方无须立约，因为心中有约：愿以理解与尊重一路同行。

最后，友情无关实用性，朋友不是拿来当工具人或社会资源来使用的。你有意珍爱你的朋友，但无心利用你的朋友。

纯正的友情，一如纯正的爱情、纯正的亲情，不存心机，拒绝虚伪，是最可贵的人间真情。

可贵的朋友

我们常有一种误解,认为孤独者我行我素、独来独往、不合群,应该是一些没有朋友的人。事实上,只有常以孤独之自我意识反观自身的人,才能拥有真正弥足珍贵的朋友。

真正的"朋友"不是玩伴,不是酒友,不是寂寞时的慰藉者,不是精神的避难所,不是基于利益关联或实用目的的"人脉",也不是在场面上随口说说的江湖套话或社交辞令;"朋友"不是哄来哄去的一堆人,也不一定常常出现在同一个圈子里;"朋友"不是对你的主张或见解总报以赞同、迎合的人,也不是对你事事妥协、盲目支持的人;"朋友"不是跟班,不是附庸,不是陪衬人,而是在人格和精神上相互对等、彼此敬重的人;"朋友"很少一见如故,因为在两个人之间的心灵契合、精神亲密,无一不是经过了长时间在生活考验中"如切如磋如琢如磨"。朋友之间可以"共苦"却不"同怨"，因为"苦"是心灵的受难，"怨"是情绪的毒气；朋友之苦也是我们的苦，而一个人绝不会忍心用自己情绪的毒雾污染朋友的心情，毒害他的生活。

"朋友"的前提是真诚——真实、坦诚。在他面前，你可以做你自己，你可以只是一个真实的、天然去雕饰的存在。当你安静地思考或木木地发呆，你不必担心他会怎么想怎么看，你不必忧虑会不会出现尴尬的冷场；当你和他插科打诨、嘲笑逗乐，你无须担心他会不会借机冒犯，或者他会不会误解你的玩笑；当你跟他交换意见，你们可以就事论事直截了当、直言相告，不必拐弯抹角，无须过度解释。跟你的朋友在一起，你的神经是安逸的、松弛的，你的身心可以放松到无所思、无所想、无所虑，仅仅就像一只静态的玻璃杯那样透明地存在着，就像你不在那里一样；你的情思可以随意到天马行空、无边无际，就像一颗布朗微粒正在进行一场毫无规则的热运动，上天入地、无拘无束。

判断你在心里是不是真把一个人当成"朋友"，有一个简单标准——你"问心"：

当你跟他独处时，你是否感到心安？你能否做真实的自己,你是否感到自由?

真正的朋友,相处的一大妙处就在于,双方都能真实地做自己,并感到心安自由。友情如健康而宁谧的空气。与其说朋友之间是一种"共处"的快乐,倒不如说这种共处的快乐,其实是一种共同"独处"的乐趣;而这种两个人的和谐独处,常常能带来比自己一个人独处更大的欢乐。**朋友的同在,成全了更好的孤独**。比如,几个朋友,共处一个屋子之中,一人占一个角落、一盏台灯、一本书、一个喝水的杯子,可以说话,也可以不说话,各人陶醉在各人书中的平行时空,不亦乐乎;偶尔抬头,偶然对视,不必回报以笑容,也无需准备什么特别的表情,就这样,你还是你,他还是他,你们安于彼此的相伴,却共享着各自的孤独。

一个人的独处常常妙不可言,但有时也会伴有一丝不安、一点错觉,担心自己会不会太过沉浸于孤独时光而错过了什么重要的事,或是恍惚间忽然对自身的存在感、时空的真实性产生错觉,就像一个人在山间树林游荡的时间长了,会有种不辨归途的迷糊。

而与知己好友一起"独处",会扫除这样的疑惧,让人更踏实放心、更安适从容,与之相处如同与自己相处一样自如自然,没有造作,毫不刻意。很多时候与之相处更优于与自己一人独处，因为相互的理解和信赖构成了一种宽松而闲适的氛围，在其中，你们安静却不清冷，共存而互不干扰。

其实知己好友之间的相处，也如爱人之间的交往，最佳状态是"二人世界"，这样更便于深入探讨一些揭示自己内心真实想法的私密话题。对于这样的私人对话而言，三个人就显得有点拥挤了。两个人之间话题的契合往往比较自然，而要找到三个人共同的兴趣点，就颇费心思了，即使找到了，谈着谈着，相对而言总会有一个人疏离到话题之外，于是其他两个人就要重新巧妙地设计对话走向，好将第三方再一次邀入其中。对于真正酣畅淋漓的交流，这样的"顾全大局"也是应当避免的杂念与分心。

"二人世界"往往使得谈话更坦率更聚焦，话题的转变看似随意却格外默契，交谈过程中常能互相激发出意想不到的精彩，不经意间一星半点的小思绪也能在对方的追问和双方的探究中逐渐深入，进而大放异彩。

深沉的爱

父母的爱

小时候,我听妈妈讲过一个故事:有一只小鹰翅膀刚刚长硬,但它已经习惯了长期蜷缩在母亲老鹰那羽翼丰盈的翅膀下,紧靠着母亲,得到来自母亲的庇护。为了让小鹰能学会独自飞翔,老鹰将它带到了一处悬崖边。

刚开始,老鹰只是试探性地一次次用脚爪将小鹰从自己身边推开,但每次小鹰都只是畏畏缩缩地扑腾腾退回原地,抖索索不敢尝试。最后,老鹰下定了决心,奋力挥动它硕大的翅膀,一把将小鹰推出悬崖。伴随着极速的下坠,小鹰在绝境之中极度惊慌失措,翻腾挣扎,出于本能的求生意志,它用力张开了自己的翅膀,在急流中努力寻找平衡。谁知就在刹那间，无序的气流变成了一股上托的浮力，它停在了半空中，顺风滑翔，豁然开朗，身下是山丘连绵、江河纵横，眼前是碧空万里、广阔无边。

于此，它学会了自己飞，真正开始了自己独立的长空之旅。

学会独自承担命运，对自己的人生负责，是每一只鹰、每一个人不得不面对和通过的人生功课。而老鹰们在悬崖边给予小鹰的那奋力一推，正如父母在孩子成年之际学会放手，又何尝不是每一对父母再怎么心疼不舍却仍然不得不学会的艰难一课？面对长久以来被宠溺的孩子，克制自身的偏袒与私情，不是代替他去承揽责任，而是去教会他如何承担起自己应尽的责任，帮助他理解孤独与自由，授人以渔而非授人以鱼，这是具有何等远见和深爱的亲情？

深明大义的父母，是一个人生命中的第一任良师，也是人与生俱来最大的一笔人生财富。

在英文中"财富（fortune）"一词还可以解释为"幸运"，没错，有好的父母是人生一大幸事。这里的"好"跟物质财富的贫富无关，跟权力地位的高下也无关，这个"好"主要在于他们心怀赤诚，会在你人生的每个重要阶段，给你适当的关心与爱护，帮助你成长得身心更健康、灵魂更自由。

朋友的爱

当你身处困境，很多人会远离你，但真正的朋友会向你伸出援手。当你取得成功，很多人会靠近你，这时你的身边会冒出"一些虚假的朋友和一些真实的敌人"（特蕾莎修女）；当层层叠叠的鲜花与赞美将你包围，当你每天看到的都是微笑的脸和顺耳的言语，这种时候，尤其是这种时候，如果你少数的几个知心好友"不合时宜"地跟你说一些逆耳忠告，哪怕你再不耐烦，也请你一定要静下心来，认真听一听、想一想。这些忠告未必总是准确，但这些关爱却一定是恳切的。

事实上，那些会在你得意时蜂拥而至的人，也恰恰正是那些在你失意时会闻风而散的人，对他们而言，你或许更像是此一时某个鲜亮的工具、彼一时某颗无用的弃子，他们在意你的功名，但并不真正在意你；而那些在你沾沾自喜、得意扬扬之时，甘冒天下之大不韪来提醒你少一点自以为是、多一点自我省察的少数几个勇士，却常常是真正在意你的人，他们很可能是你在人生低谷时最可信赖、最愿意与你比肩而立、共克患难的人。

人们常说"贵人"。真挚的关爱比一切都贵重。无论是父母师长、知心朋友，还是爱侣恋人，一个真正关爱你的人，就是你的"贵人"。因为爱你，他视你为珍宝，而知道自己正安安稳稳、踏踏实实地被人深爱着，被人呵护着，这是何其幸福、何其宝贵的体验！

情侣的爱

一段美好的爱情、一个可贵的恋人，会用他的情感、他的思考、他的眼睛，带你领略他的世界，他的到来也让你的世界焕然一新，变得更有趣、更多彩、更美妙。因为他，你更懂得爱惜自己的生命和生活，并由此学会如何去珍重他人的生命和生活。在他的关爱和影响下，久而久之，当你偶尔回看，把现在的自己跟认识他之前的那个自己相对照，你将发现在与他相处的过程中，你正不知不觉中变得更真诚、更勇敢、更坚定、更通情达理，你变成了一个更好的自己，现在的这个自己让你惊喜，你对这样的自己感到满意，并为此更有自信。我的身边就有这样一对夫妇，结婚已十多年，某一次聚会聊天时妻子跟我们几个女朋友说：跟他在一起之后，我更自由了，比一个人时更自由！

当然，再美好的爱情，再恩爱的恋人，也难免因琐事而争吵，然而当你们重归于好，你们可能会更相爱。因为通过争吵，你们相互更了解了，与此同时你们也还了解了一件事——那就是不管你们怎么吵吵闹闹，有他在比什么都重要。

一个美好的恋人，不只是为你开启了一个美好的世界，他也唤醒了你身上某些潜藏已久的美好品格与特点，就像遇到了适宜的土壤，某些种子会发芽开花，当你遇到他，你开始长成某个未曾预见到的新的自我——一个更可爱、更可亲、更可靠、更可贵的自己，你喜欢他施加在你身上的魔法，你喜欢他带给你的变化，你喜欢你现在的样子；你越来越喜欢他，也越来越喜欢跟他在一起时的那个自己；多年后你会发现，因为你，他也变得更美好了；因为他，你也变得更美好了——双重惊喜啊！不，是多重惊喜：好的爱人，好的爱情，还有一个更好的自己。

脑海中突然浮现一位可敬可爱的美国学者，头发花白，平时的为人处世、言行举止总透着一种稳重深沉，好像没什么事能使他情绪激越，除非对话中提到他的妻子。其实平常老先生时不时会提到妻子，他称呼她永远是"我的女孩"，他提到她时总有笑意。他给我们很多人这样一种印象，仿佛他身上的好些美好的东西，很大一部分都是来自妻子对他美好的影响。有一天终于忍不住我问老先生："她长什么样？"只见他沉思片刻，泛起一丝甜蜜的微笑，认真地回答："天使的模样。"那一刻，眼前的这位白发老人似乎一下又回到了一个二十岁的少年，表情专注真诚，当他想到心爱的姑娘时情不自禁会洋溢出发自肺腑的喜悦与满足。

不知你是否窥见了爱情的一个"秘密"？爱情能使人永葆青春。

当然，爱情不是神话里的灵丹妙药，一粒下去，返老还童。只不过，每一个大人灵魂里都有一个"小孩"，而爱情能唤醒和养护那个天真烂漫的"小孩"，使他在人生成长成熟的过程中，依然能保持着一股激情，一点童趣，一种可贵的单纯与虔诚。总而言之，美好的人创造美好的爱，美好的爱创造美好的人。

跟几个朋友讨论爱情时，大家曾达成这样一个共识：真爱至贵，超越贫富，美好的爱情"爱富不嫌贫"。

在爱中，假如能有丰裕的物质加持，当然是好事，这能使"爱情"少一点后顾之忧，多一点锦上添花，绕开现实困难的负累，便于浪漫理想的实现，把"王子与公主从此过上了幸福的生活"这件事阻挡在贫寒生活的挑战之外，让爱情保持在一个不为物质所扰的纯粹情感层面。然而，金钱或许能使鬼推磨，却无法操控爱神的手中箭。

真正的爱，能超越贫富，能超越贫富的爱，才足够贵重。真正相爱的两个人在意的不是爱人能不能带来财富，因为爱人本就是最贵重的财富。有你、有他、有爱，三者融为一体，便是生命的富足。

血缘家族与精神家族

血缘是人类最古老的一层连接,也是伴随人一生的最基本关系。每一个人通过血缘关系来到人世间,在血脉相连的父母兄弟姐妹等至亲之人的陪伴与关怀下长大成人,在朝朝暮暮的相处过程中建立起最根深蒂固、最持久坚韧的亲情之爱。亲情之爱最能体现"平平淡淡才是真"。

人们常说"血浓于水",血缘是人与人在生理上先天的亲密关系,这一纽带超越时间与地域。不论何时何地,作为一脉相承的家人,总有难以割舍的牵挂与关切。

除"血缘家族"之外,如果足够有幸,一个人可能还会找到另外一个"家族"——它不依赖于人们与生俱来的天然归属,也没有必然的亲缘关系,而是由精神连接而成的深情厚谊。换句话说,如果你有幸找到知己,知己就属于"精神家族",知己便是你的精神家人。

"精神家族"与"血缘家族"有相似之处,它同样也是来自某种"缘"——不是"血缘",而是你跟某个人很"投缘"。人与人的"投缘"不像先天性的"血缘"那样具有强大的基因趋同力,却也有另一种如"血缘"般不可抗拒的精神趋同力。相对而言,两者的主要区别在于:血缘侧重于生理事实,而"投缘"侧重于心理事实。知己虽不是血亲,不在"血浓于水"的特定范围内,但看似其淡如水的"君子之交",却也是如同"父慈子孝""手足情深"一样不可替代的另一种人间真情。如果灵魂有血,那么两个知己的灵魂流的大概是相同的血。知己也是家人,精神的家人,这样的联系一旦建立,他也就成了常驻在你心里的一个不可或缺的家族成员。

"血缘家族"是生命的"故乡",而"精神家族"则是失而复得的心灵的兄弟姐妹。很有意思,或许正是意识到了这样的共同点,人们才会把那些最信任的"挚友"唤作"兄弟"。所以,刘关张要歃血为盟,结成桃园之义,所谓"兄弟""姐妹",所谓"歃血为盟",不就是在借某种人为的手段和仪式,人工构建血缘,把那些惺惺相惜的精神家人,变成你后天的血亲,变成你内心确认的血缘亲人吗?人们煞有介事地将各自的血滴在水中,待其互融,变得难分彼此,再一饮而尽,从此,我们成为真正的"兄弟",真正的亲人,真正血脉相连的人——多么孩子气的言行,多么质朴真诚!由此,"精神家族"与"血缘家族"有了交集,人生更完满了。

当然,在这个交集里,除了那些被我们唤为"兄弟""姐妹"的知心朋友,也包括了那些我们发自肺腑愿意视之为"朋友"的亲人,比如有些父子之间、母女之间常常无话不谈、心有灵犀,互为知己之交,这同样是血缘与投缘的完美结合。

必须还要谈谈爱人,一个人生命中至关重要的那个人。爱人必定是心灵的选择。不,更准确地说,心灵无力选择爱情,心灵只能臣服于爱情,为之倾倒。

你发自内心深爱的那个人,作为你心灵的归属,最开始只属于你的"精神家族",但对于这个精神的家人,你们是如此不可抗拒地相互吸引,难舍难分,于是就像人们以"歃血为盟"的形式把"朋友"变成了"兄弟"那样,你们也决定以"婚姻"这种形式把"爱人"变成"家属",把"精神家族"里的这个灵魂人物转型为你"血缘家族"中的人生伴侣。这也是一种后天创造的"人工血缘",是从"精神家族"到"血缘家族"的一次伟大跨越。

第三章　成为更好的自己

是你，创造了你自己！

正因为你始终拥有创造自己的权利，

所以你是自由的，所以人是自由的。

西西弗斯的人生

古希腊神话中有一个叫西西弗斯的人,为了逃避死亡的大限,超脱生命必死的自然法则,他不惜冒着巨大风险对掌管冥界的死神哈迪斯玩阴谋、耍手段。还真别说,他一时真骗过了哈迪斯,但最终还是被发现了。

恼羞成怒的哈迪斯,使出死神的雷霆手段,给了西西弗斯最严厉的惩罚。哈迪斯掌管的冥界,分为三个不同层次,其中最残酷、最可怕的一层就是永世不得超生之地,相当于我们常说的"十八层地狱"。

西西弗斯被罚到那里去,并被勒令必须拼尽全力推动一块圆形巨石,沿着陡峭崎岖的山路,从山脚一路推到山顶。熊熊燃烧的地狱烈焰、沉重不堪的圆形巨石,令西西弗斯筋疲力尽。然而只要他稍一松懈,巨石就会一刻不停地滚回山脚,此前的所有努力尽成徒劳,一切必须从头再来。然而当他再一次用尽全力，好不容易将巨石推到了山顶，自以为终于可以得到片刻喘息了，没承想无情的巨石又一次不可阻挡地轰隆隆退回原地，前功尽弃，一切又从头开始……如此这般，周而复始，不断重复，永无止息……

这个古希腊神话故事，我看过不止一次。最早读到西西弗斯时年纪尚小，当时也只是把它当作一个无关现实的异国传说，没什么特别感触。然而随着光阴流逝，年龄增长，再读时，总能在其中或多或少地读出一个"我"来。

西西弗斯在永恒的时间中年复一年拼命推动巨石的画面，如此深刻地印在我的头脑中——这仅仅是西西弗斯一个人的独特命运吗？我们每个人何尝不是一个西西弗斯呢？我们何尝不是像他一样，一生背负着、推动着属于我们的命定巨石？

小时候我们争先恐后地参加各种提高班、兴趣组，竞优争先，希望从一众同龄人中脱颖而出，能进入重点小学。当我们终于进入了重点小学，我们多么高兴，这高兴一半是因为得偿所愿，另一半是因为我们这下可以放心了，终于能放慢节奏，歇一会儿了。

然而事实并非如此，在重点小学里我们必须投入更多的时间，拼尽全力继续奋斗，因为下一个"高峰"就在眼前——重点初中。而在这个"高峰"之后,又是另一个"高峰",是层出不穷、连绵不绝的一个接一个"高峰","高峰"的海拔也在逐渐增加:我们必须全力以赴考进"重点高中",然后竭尽所能考取名牌大学。

终于,那一天我们收到了理想大学的录取通知,全家人都为之激动不已、欢呼雀跃,所有人都兴奋得欢蹦乱跳、彻夜难眠。这可是我们过去近二十年拼尽全力、奋力追求的一座人生"高峰"啊!为此我们百般隐忍、饱受艰辛,放弃了几乎所有的兴趣爱好,牺牲了全部的游戏时光,压缩了无数个休假日,不知疲倦、题海苦战……

最终,凭着惊人的意志与耐力,我们终于把这块巨石一步一步推到了山顶,我们成功了,梦想成真!

那么,然后呢?

进入大学之初,我们以为总算能放下肩头的这块"巨石"了,总算能给长久以来不敢松懈的神经放一次长假了。但过不了多长时间,随着兴奋感逐渐消退,你看到了你现在所站的这个高峰,其实不过是迈向下一个高峰的山脚,在你的面前照旧群山耸立,在你的肩上、在你的心头,依然巨石沉重——大学毕业之后,你得努力找一份体面的工作,然后在你的工作岗位上努力地追求更高的收入、更优的职位,争取更好的资源、更多的机会;接着,到适婚年龄了,你该找一个好的对象了,是时候结婚生子了。

终于,你成家了,终身大事尘埃落定了,生活也走上了正轨,你应该可以不慌不忙、安然度日了吧。可是你眼睁睁又看到有一个新的"高峰"正从遥远的地平线那端,缓慢平移过来,越来越近——因为你有了宝宝,有了下一代,你不能让他"输在起跑线上",你必须继续努力追求更大的房子、更高的收入,让你的孩子参加各种优质的提高班、兴趣组,因为他要进入重点幼儿园、重点小学、重点中学、重点大学,他将来要找一份体面的好工作,结一个好的婚,生一个优秀的宝宝……如此这般,循环往复。

我们大多数人可不就像神话中的那个西西弗斯一样,坚忍奋力、负重前行,如果痛了累了受伤了,就背着"巨石"叹一口气,哭一会儿,然后抹干眼泪继续推进。

曾有过一段时间,我对葬礼中的那句"rest in peace"(安息)颇有感触。

每一个有"生命"的东西,注定都会死亡。想当初,西西弗斯正是因为贪生惧死,不想死,想活,想永生,才如此这般绞尽脑汁,想方设法摆脱死神的追捕。然而,冥王哈迪斯给他的惩罚,却并不是死亡,而是比死亡更痛苦、更残酷——投入"生不得又死不成"的循环。

根据故事的描述,在那里等着西西弗斯的是看不见尽头的劳累、无处可逃的身心俱疲。有时想想,这算不算冥王对西西弗斯以及芸芸众生的一个提醒:还有比死亡更糟糕的生活,你没死,你活着,但你生不如死。想想古今中外不少哲学家、思想者,表达过类似的观念——死亡本身未必是最糟糕的,或许死亡这件事本就包含了大自然的一丝不易察觉的温柔美意——命运给了人生命,也给了人与这生命同步并行的各种羁绊与烦恼、无奈与不舍,这就是我们每个人与生俱来的命定的圆形"巨石";同时,与出生相对应,命运也给了人死亡,给了人的生命一个终点,也为人们彻底放下他命运的巨石设定了一个自然时限。

于此,我又想起作家海明威的墓志铭,简单而倔强的六个字:Pardon me for not getting up(恕我不起来了)。这位闪闪发光的小说家,随着生命的起伏周折,大哭、大笑、大迷茫、大浪漫、大悲愤,他彻底地活,彻底地工作,彻底地战斗,彻底地爱,然后,他选择了彻底地死,彻底地离开……全然投入的、毫无保留的一生。

有一次,跟几个朋友闲聊。一个朋友发问:"如果生命终将一死,人生还有什么意义?你看,在哲学家加缪看来,人生不过是一场荒谬。如果人生就是一场荒谬,那这注定是一场荒谬的人生到底有什么意义？"之后大家也谈到了西西弗斯，也谈到了各自的生活，于是另一个朋友又发问："难道西西弗斯就这样毫无指望地一辈子推巨石下去吗，是不是太无聊、太无望了啊！"本来极其松散的闲聊，就此变成了一场关于人生哲学的小众沙龙，最后大伙儿还真郑重其事地达成了几点共识，大致如下：

首先，人生的起点和终点是确定的——起点是出生，终点是死亡。人生这两端都已命中注定，无人例外，每个人都是一样的，伟大的人和普通的人都一样。所以，生与死本身，不是人生；生与死之间的这段过程，才是人生。同理，生死问题，人人相同，这是所有人的共性；因此人与人之间最大的不同、最根本的区别，不在于生死，而在于生死之间的这段人生过程——因人而异，各有千秋。

那么，人生意义从何而来？所谓人生，就在从生到死、从起点到终点的这一段过程；所谓人生意义，就是一个人在这一段过程中，经历了什么，收获了什么。那么，一个人的经历和他的收获是怎样的一种关系？这真的很难说，是一门玄学，似乎找不到什么必然性，却充满了不可预测的偶然性，各种变数。

按理说，相似的人生经历，应该会给人带来相似的收获，可事实并非如此。由于各种机缘巧合，不同的人，即使客观上经历了相似的事，主观上完全可能得到的是不同的乃至相反的收获。打个比方，同样遭受现实的不公，A 君的收获可能是消沉的心态、阴暗的心理，然后他放弃了改善的希望，选择了同流合污；而 B 君的收获却可能是不屈的斗志、进步的决心，于是他百折不挠，开始为人为己争取更多公平正义——相似的经历，却导致了不同的收获，不同的行动，不同的结果。而由"经历—收获—行动—结果"这一系列连锁反应所串联起来的生活轨迹，便是一个人独特的人生经历、生命过程。

生活中总有各种各样的事情在发生，这是客观事实，是所有人的共同经验，然而不同的是，面对相似的生活经验，有的人选择被动接受，有的人选择主动迎击，有的人喜欢抱怨，有的人总在想办法……每个人就是这样将自己的人生，引向了不同的方向，走上了不同的道路，赋予了不同的意义。

既然如此，那么什么样的人生才算有意义？毫无疑问，对于人生，个人有个人的期待，何谓人生意义，应该也是个人有个人的答案吧。所以接下来在这里要说的，是当时那几个朋友一起探讨出的结论，不一定跟你想的一样，在此仅供参考。

人总是要死的，人生永远不可能完美，所以人生最有意义的一件事，就是在这不够好的一生中，尽力成为更好的自己。然后，当你回顾过往，你会发现，不管处境如何，是好是坏，你总是在变得更好；那些发生在你生活中的一切，如意的或不如意的，都拦不住你自身的蜕变升级；你学会了把自己所见所闻所知所学以及所经历的一切转化成生命的营养，供自己在任何处境中仍能有充分的心智和力量继续一路朝着光、向着阳，一意孤行地成长。生活有很多让人失望的地方，但你对自己不失望，对这样一个不屈不挠、勇往直前变得更好的自己，你由衷认可，深感满意，这是一种发自内心的自信。

每个人都有无可奈何的客观限制，你的限制可能是家境贫寒，他的限制可能是体弱多病，西西弗斯的限制就是日复一日推动巨石的宿命。这些客观限制，构成了我们各自的人生枷锁。而我们要用一生时间去做的，可能就是：在自身现有的条件下，尽力在任何环境中创造更大的自由，活出自己更高的品质——困境中更勇敢坚韧，顺境中更宽厚谦和，极苦时保持内心不扭曲，幸运时不忘兼济更多人。当一切外部环境都无法阻止你变得更好；当你所遇到的任何人与事，都能被你转化成一种人生向阳向上的激励，生命何等强壮，此生何等有意义。

最后，回到之前朋友们提出的那两个好玩的问题。

第一，"人生是不是一场荒谬"？

也许吧，也许人生就是挺荒谬的。忘了在哪里看到过这样一个评论——所谓"喜剧"就是严肃地表现荒诞。我们都知道，在表演界，真正具有专业素养的好演员可以做到用认真的态度去演好每一场荒诞剧。如果人生的确是一场荒谬，那么我们为什么就不能作为一个具有专业素养的生活者，用同样认真、严肃、敬业的精神，去过好这看似荒谬的一生呢？难道我们不应该尝试把自己这荒谬却短暂的人生，尽力过得精彩难忘，无怨无悔，过得不枉此生吗？"人生是不是一场荒谬"，关键还是看你用什么心态去看待、去度过你的人生。当你真正学会用心生活，即便是乍看之下的那些荒谬，细细品来，也可能成了一场惊奇的冒险，或一段迷人的趣闻。

第二，"西西弗斯的人生是不是很无聊"？

记得当时有个朋友对号入座发了一段评论，引来一众喝彩："如果我是西西弗斯，既然我没法改变必须每天推石上山这件事，那我就只好改变我自己推石上山的心态——要么我每天变换一种推石姿势，就像每天换一个锻炼项目，用来锻炼自己身体各个不同部位的肌肉线条；要么我每天花样百出地推石头，今天做个鬼脸，明天单腿跳，后天用二指禅；

要么我一边推石,一边遐思,想想莫扎特的音乐、庄子的哲学、量子力学、脑科学……这样,虽然我仍是在推石,仍是劳形费力,但我把这无法改变的苦差事变得不那么单调乏味,我精神自由了,我自娱自乐,而且说不定,还能逗身边人一乐,比如其他诸如东东弗斯、南南弗斯、北北弗斯类似的苦行僧,说不定大家还会一起边推石,边交流心得,如此,岂不美哉!"

我们大多数人在朝九晚五、衣食住行中度过一生,就像西西弗斯日复一日推石上山,那么我们是不是也可以如其所言,在换新衣服、新鞋子、新车之外,时不时也给自己换一双新的眼睛、换一种新的心情、换一个新的头脑、换一种新的姿态,去推动生活这块永恒的巨石?

德贵日新。用新的你去过旧的生活,生活因你而常有新意,那么旧的生活也就被你过成了新生活。

是你创造了你自己

有人提问,什么叫人生?记得一个朋友曾开玩笑,所谓畜生,就是动物生的嘛,那么所谓人生,就是人类生的嘛。虽是一句戏言,但顺着这个角度,倒是可以继续追问:人是人生的,那么具体是哪些人生了你呢?

毫无疑问,首先是父亲母亲给了你生命,给了你如此这般的一个形体、一个头脑、一个家庭氛围……那么除此之外呢,还有哪些人"生"了你?哦,对啊,人是历史的结晶,是地理的产物。因而从广义来看,生你的人不只是父母亲,还有由千千万万人所组成的这个时代、这个社会,他们给了你如此这般的一个外部环境、一种文化传统、一些时代特点……

还有其他人吗?别忘了,还有一个人,最重要的一个人——是你!对,就是你自己——是你创造了你自己,你是你自己最重要的创造者！正因为你始终拥有创造自己的权利，所以你是自由的，所以人是自由的！

很爱的诗人纪伯伦有诗一首——《致孩子》，其中有那么一段：

你的孩子，其实不是你们的孩子，

而是生命为自己渴望的儿女。

他们是借你们而来，

却不是从你们而来；

他们虽与你们同在，

却不属于你们。

你们可以给他们以爱，

却不可以给他们以思想，

因为他们有自己的思想。

你们可以荫蔽他们，

却不可以荫蔽他们的灵魂。

因为他们的灵魂，

是住在明日的宅中。

……

时代和社会为你提供了广泛的思想内容、心灵素材，父亲和母亲给了你独特的基因和深厚的爱,然而他们都无法替你思想,无法给你灵魂,你会形成你自己的思想,你会长出独属于你自己的灵魂。作为一个精神存在,你既是你自己的创造者,也是你自己的创造物——是你创造了你自己,也只有你能创造你自己。因而,是父亲母亲生下了你的肉体存在,然后,你将用一生的时间去生下你的"自我"、你的思想、你的灵魂。

想到一个半传记体的电影桥段,讲的是哲学家尼采的故事。他去看精神科医生,医生高高在上地傲视着眼前的这个病人,不动声色地问:"你怎么了?"尼采平静地回答:"我怀孕了。"医生在感到不可思议的同时,更确信眼前此人病得不轻,他一边克制着自己稍显不自然的表情,一边保持沉默继续倾听。尼采开始断断续续、略微语无伦次地往下说:"我怀孕了,是这里……"尼采用手指了指自己的头,接着说:"因为我将诞下一个全新的思想……"医生难以遏制地一脸惊愕,而当时作为观众的我也在心里一百个心悦诚服、五体投地。

"创造"是一个伟大的词。在我们的常识里,能称得上"创造性"的工作是不多的,能称得上"创造者"的人也是极少数的一些天才——思想家、艺术家、科学家……他们创造思想、艺术、科技……然而，从另一个角度看，世上不乏"创造者"，就像前面所说，世上所有的父亲母亲都是创造者——他们创造了新的生命，创造了新人。然而，远不止此，事实上每个人都是一个隐匿的创造者，都在从事着一项前所未有的创造性工作——创造他自己——一个在历史上只会出现一次的存在者。

雕塑家用一凿一斧创作雕像，画家用一笔一画创作绘画，思想家用一个一个字创作巨著。那么你呢？其实你也在创作，你时时在创作过程中，你所创作的对象就是你自己——用你的想法、看法、做法、活法，这就是你的斧凿、你的画笔、你的文字。你正在用你的想法、看法、做法、活法，如同用一砖一瓦，铺设你的道路；如同用一凿一斧，雕塑出你的"自我"。

木心曾说，人生是一场自我教育。我很同意这种说法，人生在世，每时每刻都在接收来自外部世界的无数信息，成为我们进行甄别筛选的原始素材，你对一些信息说 yes，吸收并照做，你对另一些信息说 no，无视并抛弃——这就是你面对人生大书时，一个自选教材、自我教育的过程。

生活中每一个你说的 yes 或 no，其实就是你所做的判断、选择和行动，而在每一个 yes 和 no 之间你做的那个决定，就是你的一次自我筛选、自我教育、自我雕塑。如此周而复始，久而久之，你以往所有的选择和行动会连成一条线，一条隐形的生命线，而这就是你今后的成长趋势、你以往的人生道路。

你在无数个 yes 或 no 之间贯串连线的这个过程，就是你的自我养成——就像画家用一笔一画勾勒出一组景物，你则用自己一次次的判断、选择，勾勒出了如此这般的一个你。英文中"自立"一词是"self-made"，翻译过来：自我塑造。也就是说，一个真正自立的人，是一个自我创造者——是你，在创造你自己，创造你的生活、你的人生。

C'est la vie（这就是生活）

很喜欢法国人常挂在嘴边的一句话——"C'est la vie"（这就是生活），它几乎适用于所有情境。当你开怀大笑、感恩命运时，你高唱着"这就是生活"赞美一切、表达喜悦，生活如此美妙，惊喜不断！而当你濒临绝望、抱头痛哭，如果你轻轻地对自己默念"这就是生活"，不知不觉中你会感觉到心情略有平复。这不是一个盲目的自我安慰，你可以试试看默默地多次重复这话，它好似一句使人平静的咒语，一剂自我疗愈的良方，其实它是一个温柔平和的提醒：生活就是这样的啦，有时就是那么灰暗，那么糟糕，那么不值得！但是，它会过去的，一切都会过去的，天总会亮的——这是安慰，也是事实，因为生活本就是如此，"这就是生活"。

极端悲痛时人们常忍不住自问、问天：为什么是我？！

为什么偏偏是我？！事实上，不光是你，何止是你？他也是，她也是，我们都是——每个人都有自己的人生"重负"，每个人都有过"为什么是我"的灵魂发问，然而"重负"属于所有人，只是大家所承受的重负有着各不相同的形式而已。仔细想想，有谁没痛苦过？

每个人都有"痛点"，只是有的人痛在身体，有的人痛在心里；有的痛短暂剧烈，有的痛微弱持久。你以为别人过得比你好，因为你们不熟；很可能，你在别人眼中也过得不错，至少在他们看来你比他们过得好。可以肯定的是，每个人都狠狠地痛过，都留下过外人看不见的伤口，这是人类的共性，是生而为人的必然，"这就是生活"。"痛"本身就是生活的一部分，就像生活还有酸甜苦辣等其他部分。然而人与人又不一样，有的人在痛中黑化，把痛化作了心魔；有的人从痛中汲取营养，把痛变成了光；有些人的伤口逐渐溃烂流脓，有些人的伤口里不久开出了花。

营养学家还有长辈们常告诫我们："不许挑食！"为什么？因为据说各类食物，不论是红橙黄绿蓝靛紫、酸甜苦辣咸，自有其不可替代的价值，它们提供给人各种必要的营养，考虑到健康均衡的身体机能，它们都是生命的必需。其实，生活中的喜怒哀乐、悲欢离合，某种程度上很像各种各样形态滋味的食物，它们也以各自的方式作用于一个人的精神成长。

喜悦，使人温和宽厚；愤怒，点燃人的血性；快乐，让人开朗跃动；痛苦、悲伤，确实难熬，能躲就躲吧，有些痛苦是躲得掉的，不躲你还等什么！但说实话，有些痛苦是躲不掉的，逃无可逃，避无可避，这就是你命中注定的痛苦，是你的命运，只能由你承担。

既然如此，希望你能下定决心、勇敢直面，在这种痛苦的刺激和逼迫下，你将不得不竭尽全力从自己身上去挖掘出更多的智慧和力量，而挖掘着挖掘着，你可能还真就小宇宙爆发，释放出了连你自己都不敢相信的惊人能量，看到了一个不可思议的新的自己。

我曾很认真地想过一个问题，一个人的"勇敢""坚强""内心强大"，到底是怎么来的？当然，人与人在这方面可能有先天差异性，但就总体而言，所谓"勇敢""坚强""内心强大"，大多数时候是被困难、被痛苦逼出来的。"悲而后有学，愤而后有学，无可奈何而后有学，救亡图存而后有学"，你想想，是不是这样？当痛苦来了，它找到了你，你无处可藏，你能怎么办？只能面对，只能想方设法去解决。除了坚强，你别无选择。这大概就叫"磨砺"吧——

生活把你放在痛苦这块磨刀石上反反复复剐蹭摩擦，这个令人崩溃的过程让你不堪忍受，却也在无形中给你开锋抛光。

哲学家尼采说："凡杀不死我的，必使我强大。"当一个人奋力从痛苦中走出来，会迎来触底反弹的新生；当一个人穿过重重乌云后重新拥抱太阳，他拥抱的其实是更好的自己。

当然，痛苦虽然值得学习，但这并不意味着痛苦值得歌颂。痛苦所富含的营养，最终目标无外乎是为了精神的自由而欢乐——那是一种比骄奢淫逸的物欲享乐更纯粹更深刻的喜悦。这种喜悦来自你过关斩将、闯过每一场快乐和痛苦之后，清晰地感觉到了自己的成长——自己正在变得更勇敢、更镇定、更坚韧、更强大——感受到自身有力量，而且越来越有力量，这是一种极大的快乐。

你从原先的享受物质、享受安逸，越来越转向于从生活的方方面面尤其是从你自己身上去发现乐趣——当生活丰富多彩，你品味生活的多姿多彩；当生活单调无趣，你创造你自己内心世界的趣味横生；当得意之时，你纵览山顶无限风光；当失意之时，你欣赏那个在低谷中坚忍不拔、自尊自爱的自己。当你面对生活变得更勇敢，你的快乐也会变得更宽广——你可以是花团锦簇中的歌德；也可以成为囚禁在冥室棱棺里的塞万提斯，困在阴暗的斗室之中，却被自己笔下的堂吉诃德和桑丘逗得哈哈大笑。

英文中送上"快乐"祝福时常说"enjoy yourself"（享受你自己）。其实，快乐的关键不在于外物，不在于你在吃什么，到哪里旅游，存款多不多；快乐的关键，其实在于你自己，在于你这个人、你的这颗心。

当你心情好，去隔壁马路遛个弯也很快乐；当你心情不好，去巴黎香榭丽舍大街剁手购物也未见得多开心。当人的基本生活需求得到满足，快乐的本质就回归人自身，回归你是个怎样的人，有着怎么样的心态——在平淡中你是不是能发现和创造趣味；在困境时，你能不能想出办法摆平你自己；在没有任何特别的事发生的大多数日子里，你能不能做到：创新你自己，并享受你自己。

第四章　自我的位置

自渡渡人，渡人自渡；
自助助人，助人自助。

找寻自我

我身边发生过两个真实的小故事。

多年前的某个凌晨，我接到一个朋友的电话，这个朋友一向气定神闲、处乱不惊，可不知为什么，那天他在电话里听起来有种并不多见的忧伤。他说，晚上一直在想事情，想到辗转反侧、无法入睡，于是他干脆就起床，到阳台上站一会儿，静一静，放空一下。他在这高楼里已住了十几年，眼前黑暗中的一切景物，都是他再熟悉不过的，即使他闭着眼睛也能分毫不差地指出远远近近那些圆楼顶、方楼顶的准确方位。

他本打算是借着夜晚的冷空气、黑魆魆的宁静气氛来平复心绪、酝酿睡意，没想到事与愿违，那天的他感受到的不是宁静，而是疏远。眼前的这一切这么实在，离他这么近，可不知为什么突然间让他觉得那么空虚、那么遥远，所有的黑影怎么看起来都是那样冷寂荒凉、漠然无关？朋友说，他感到一种无以名状的害怕，于是他逃也似的躲进房间，可是那种陌生感、疏远感却并没有被他锁在阳台门外，而是阴魂不散地紧跟着他进入了室内，散落在房间的每一个角落，笼罩于每一样物件之上。"明明房间里什么都不缺啊，我什么都有。可我为什么突然觉得自己一无所有？这些东西看似都是我的，但又都与我无关，有什么东西是真正属于我的？"他问我，可那更像是一句自言自语。

在大多数人看来，这位朋友应该算得上"成功人士"，拥有很多别人梦寐以求的好东西，比如相貌堂堂、性格开朗、事业有成、收入可观，时不时他会在欧洲某个风景宜人的海边小城小住数日，晒晒太阳、喂喂鸽子、滑滑雪、冲冲浪……可就是这样的一个他却告诉我，他觉得自己"一无所有"，空空荡荡。然后，他哀伤地问我："我这是怎么了？所有的一切怎么都离我那么远，我也离它们那么远？我感到了一种麻木、冷漠、倦怠。这个世界，这一切，到底跟我有什么关系？"

所幸的是，在他絮絮叨叨、语无伦次说了那么多不着边际的话后，我没有像很多人那样给出一个简单粗暴的诊断——"有钱人的矫情"。事实上，我很理解他的感受，甚而感同身受。曾有一段时间我自己也一度深陷于对人生意义的困惑之中难以自拔，也有过类似的迷茫和困惑。

依稀记得当时我捧着电话，一直听他倾诉了很久，我也跟他分享了一些自己的看法，我说："不是世界离你远了，是你离自己的心远了，你跟你自己变得陌生了。"

故事二，另有一位青年才俊，聪明勤奋，刻苦耐劳，他的前程事业可谓宽阔顺畅。我们好久不联系，有一天他突然给我发来了这么一条短信，"如果让你选择：A是现在的生活，B是做一个月为所欲为的国王，你可以做任何事、实现任何梦想，无论多么不靠谱，但是一个月之后你必须去死。你怎么选？"我认真地想了想，回复给他："我选A。你选的是B吧？"他没回答我，其实他不必回答，但凡面对这样的选择题会心生纠结的，大概率私底下选的是B吧。过了好久，他回我一条短信："看来你过得还不错。"就此无下文……谁知过了几天，他又发来一条短信："看来，我还是没有找到自己的位置。"

在我看来，"没有找到自己的位置"是他那段时间针对自己没选A、"不满意现在的生活"这一症状，思考分析后得出的结论。所谓"没找到自己"，就是自己不知道自己真正想要什么、真正渴望成为什么样的人、真正追求怎样的生活。正因如此，他才会这样纠结困惑——既不满意现在的自己,又不明白自己究竟想要怎样;既不安于此时此地,又不知该何去何从,所以,怎么都觉得不对,怎么都不在状态。说到底,是"自我"错位了。

故事讲到这里,疑问也跟着来了。这两位朋友,无论看他们自身的条件还是所取得的成绩,如果按社会评价标准看,怎么看都算得上社会精英,可是他们自己却没有那种发自内心的喜悦与满足,为什么会这样?如果这样的优秀与成功不能给他们带来内心的喜悦与满足,那怎么样才可以,什么样的人才可以,怎么做才可以?

我想起了英国小说家毛姆写的《月亮和六便士》。书里的男主人公查尔斯·斯特里克兰,原型是法国后印象派画家保罗·高更。书中的斯特里克兰用他前半生的努力,赢得了中产阶级的富足生活——股票经纪人的体面工作、社会的尊重、充足的财富、美满的家庭;然而他却用整个后半生否定和抛弃了他前半生所取得的一切——他辞去工作,离家出走,浪迹天涯,一夜归零,从头开始摸索着画画,从头开始做自己。为此他背负骂名、四处流浪、穷困潦倒、贫病交加,但他甘心情愿、至死无悔。

书中的斯特里克兰,现实中的高更,与荷兰画家凡·高很像,对画画这件事执迷不悟。事实上,他们俩还真是朋友,相比凡·高,高更的性格更孤傲、更冷酷、更决绝。最后命运把高更送到了茫茫太平洋里的一小块陆地——塔希提岛,在那里他尽情孤独,狂放作画,终于完成了他有生之年必须要做的事——按自己的方式画画,做回他喜欢的自己。他就这么坚决地、一意孤行地走完了这条他所选择的伤痕累累(自己的伤痕以及给他人所带去的伤害)、离经叛道的人生路。

毛姆曾在斯特里克兰极其窘困时问他,对今天的选择后悔吗?他说"不"。又问,如果人生重新来过,他还会这么做吗?他说"是"。对他而言,就像溺水者落到水中必须游泳挣扎,这是人的本能,画画这件事则类似于他的本能,是他只要活着就必须要做的事,他别无选择。

别人眼中慵懒舒适的体面生活,他觉得无聊;当众人因为物质的富足、生活的优渥而志得意满、洋洋自得,他却感到了一种人性的萎缩和精神的低迷,他"不甘心"就这样度过一生;为了追随心之所向,他弃绝了他的世界,从车马轻裘到忍饥挨饿,别人都认为他"着魔"了,"发疯"了,难以理解,无可救药,他却从未表露出一丝不满,他对此毫不关心。

我们姑且不从伦理角度对他进行评论,至少对他自身而言,有生之年,活回真正的自我,实现精神的自由,做他必须要做的事,怎样都值。

外功与内功

小时候我最喜欢的枕边书就是金庸、古龙或者梁羽生的武侠小说，少女时代又特别喜欢李小龙，看了不少关于他的传记、电影和访谈。虽然我对"功夫"这样东西一窍不通，但大致有个粗浅认识。

所谓"功夫"，并不只是可见的武力，还意味着不可见的武功。它不光是武术、一种技艺，讲究章法套路，它还是武学、一套哲学，追求思想境界。

"功夫"，可分"外功"与"内功"两个层次。初入武林的江湖菜鸟，往往更在意锻炼体能拳脚招式等外力，以此"成就外功"；而真正的武林高手和那些深藏不露的武学泰斗则更注重强内固本、修养心性、磨炼精神，不断提升内力，借此"成就内功"。如果据此对武侠世界中的江湖好汉们进行粗略分类的话，那么大概可分成两类"成功人士"：

或是成就外功，或是成就内功。（在此我们暂不探讨外功与内功之间是否存在什么内在关联。）

记得在阿加莎·克里斯蒂侦探小说《马普尔小姐》中，那位敏锐聪慧的主人公马普尔小姐曾一边织着毛衣，一边若有所思地说："过去或现在，人性总是相通的。"相通的人性，相似的江湖。现代的江湖与古老的江湖，根子上大同小异；当下的"成功"与彼时的"成功"也不无可对照之处。而基于对现代生活的观察与经验，现代社会的"成功"似乎仍未跳脱"成就外功"和"成就内功"这两大基本类型。

所谓"成就外功"，采用的是外在的标准。换言之，对很多人来说，判断一个人成功与否最简单直接的方式就是看"他拥有多少外在的好东西"——当他拥有的东西越多、越好、越稀罕，在旁人看来就越成功。

那么，在我们所能拥有的所有东西当中，最看得见摸得着、最有形有相的，就是那些具有物质实体的东西，比如房产车子、真金白银、珠宝首饰等；其次便是那些看似无形，却能用来换取有形之物、转化为实用性的东西，比如存款、利润、股份，或者权力、地位、名望等，统称"名利"，拥有更多更大的"名利"被视为更成功。当然，一个人若是能凭借个人努力，通过正当方式，拥有功名利禄这些好东西，他必有其过人之处——要么特别勤奋踏实,要么智商极高,要么运气极佳,这当然算得上是一种无可争议的"成功"。一般而言,社会上大多数人对"成功"的评判标准更接近于这一种——以"名利"论成败。不可否认其确有合理性。

此外,除了名利,我们还可以拥有另一类外在的好东西——它们不能直接带来物质享受,却比物质享受更持久、更深入、更体贴。也许可以将这类外在的好东西泛称"健美"。所谓"健美",即健康美丽,主要指的是人的"身体"——健康的体质、匀称的体型、姣好的容貌……

有人说多病的国王,不如健康的乞丐。可见,对一个人来说,即使一文不名,没有奢侈享受,如能活得健康、美丽、长寿,这何尝不是另一种意义上的"成功"?相比之下,权力地位、财富声望这些东西虽好,却终究外在于生命,它们是生命的附加值和装饰物,并不触及生命的核心,"健美"远比"名利"更接近生命自身的内核。

然而,功名利禄也好,健康美貌也好,我仍将它们二者统一归入一个人"外在的成功",因为它们都没超越物质层面的局限性,尚不涉及存在的本质,它们仍属生命的外围:毕竟,名利也好,健康也好,美貌也好,即使你能拥有它们,也只是暂时拥有,它们并不真正属于你,你无法永远占有它们,你注定会失去。

比如名利,它总是从一个人流向另一个人,在人与人之间川流不息,从不对某一个人永久青睐。人们今天走马上任,明天卸甲归田,权力永恒流转,始终虚位以待,不固定于某个朝代,也不专属于某个人。金钱的流动速度更是惊人,我们都知道货币的英文是currency,意为"流通",金钱就是这样一刻不停地从西方流到东方,从这个市场涌向那个市场,从这个人的口袋里转移到那个人的银行账户上,就像作曲家乔治·比才笔下那位极具魅力的人物"卡门",人人都爱她,她也不拒绝所有人,但她不属于任何人。

再看健康美貌,看起来它们的确是独属于你的,别人是拿不走的,但你对它们的拥有权仍有一定时限,即使没人能拿走,时间最终会统统带走。世上最无奈之事,"骁将渐衰,美人迟暮",时间总会无情地卷走一切。所以,这些东西看似属于你,其实也不过是你从时间那里暂借的,你可以在规定时间内使用它,却无法将它彻底占为己有。

我倾向于把所有这些能被外来的他者(无论是他人或时间)从我们这里夺走的东西,都归入"外在于我们的东西",同时把对这类东西的取得与拥有,统称为"外在成功"。

幸福的类型

说到"成功"——不论成就外功,还是成就内功,一下子就联想到了曾有古希腊先哲把人的幸福(此处替换成今日之"成功"概念,也无不可)分成外界的、肉体的和灵魂的三类——第一类是外界看来幸福,即他人的认可;第二类是肉体的幸福,即感官的快乐和欲望的满足;第三类是灵魂的幸福,即精神的充实和内心的安宁。

第一类人最在意的是他人的看法:别人怎么看我?他们觉得我优秀吗?在他们眼中的我看起来美吗,过得幸福吗?这类人非常关注他人的评价,常常胜于关注自己的真实感受;他们在意"面子",超过在意自己的实际状况。对于这类人,来自别人的认同、赞美、羡慕让他们由衷感到满足和幸福。

这或许能解释大牌奢侈品为什么如此天价,却仍不妨碍宾客盈门这一现象。据说当苏格拉底看到琳琅满目、价格惊人的奢侈品，他的第一反应是惊呼：世上竟有这么多我不想要的东西！在苏格拉底看来，奢侈品既不便宜，又不实用，是生活不必要的负担。然而苏格拉底可能没能理解，又或许他不屑于去理解奢侈品的存在逻辑——奢侈品的象征意义远大于其实用价值，它们的存在性更多的是在展示一个人在身份、地位、财富、品味等方面的高级性。

所以极其昂贵的标价，不但不是奢侈品的缺点，反而构成了它的一大魅力，使它从一件普通商品变成了只有少数人才能享用的某种特权。对一部分人而言，物品本身具备怎样的实用功能恰在其次，大牌与高价所赋予的优越感才是重点，通俗点说，这多有面子啊！

第二类人最在意的是自己真实的所有物——有形与无形的物质财富，因为它们能带来实实在在的真切满足与快乐。这类人的关注点，已从外界的看法，转向自身的实用性，从"好面子"转而追求"里子"；他们不再那么重视"别人怎么看我"，而更聚焦于"我实际拥有些什么"——名利、健康、美貌……前文中我们对这个话题已经说了很多，不再赘述。总之，对于第二类人，真实的拥有和切实的享受，更能让他们心满意足，感到幸福。

在此稍提一句，第二类人与第一类人有时看起来很像，他们都会努力地争取很多好东西，但动机完全不同——第一类人得到好东西，是为了让别人看见，向别人炫耀，从别人的羡慕嫉妒中获得快感与满足；第二类人得到好东西，是为了自己享用，却并不希望引人注目。

第三类人相比于前两类，更在意的是去实现自己的精神追求和自我价值，他们会用较多的时间进行反思与自我探索——我是什么人？我在做什么？这样做正确吗？我真的感到快乐吗？我所做的这些事真的使我更自由了吗，还是无形中在剥夺我的自由？……这类人的思考方向，逐渐从自己所拥有的物质，转向自我本质的追寻，他们所认同的幸福，既不是他人的好评，也不是物质的享受，而是人生的意义和精神的自由，他们努力活成理想的自己，用心仪的方式度过一生。对于这第三类人，找到并活出自己，实现自知、自主与自由便是一生所求的满足与幸福。

说到这里，可能有人会误以为第三类人是不是一些生来就骨骼清奇、心智奇特的怪人？其实不然，第三类人大都经历过第一类人、第二类人的阶段，是由第一类人、第二类人逐级蜕变而成的。

最初他们也曾是第一类人,乐于享受他人的表扬称赞、外界的鲜花掌声,但时间长了也就发现这些东西没能带给他心底深处的满足。于是他们进化为第二类人,开始着眼于更切实的所有物——金钱、名望、权力……然而物质能量再大,似乎仍不足以带来精神上的充实,再多的欲望得到满足,依旧无法消除内心的寂寞,灵魂仍然感到空虚饥饿。于是他们上下求索,寻找其他的出路,偶尔发现:竟然另有那么一些人,一箪食,一瓢饮,身居陋巷,人不堪其忧,他们却能自得其乐——这些人吃的东西也不精美,去的地方也不多,没有优厚的生活条件,但他们脸上却常能时不时流露出叫人羡慕的安然与欢乐,散发着自然的平和之气,洋溢着由衷的笑容。

真不可思议,这是怎么回事?是什么东西给了他们这样的平静与喜悦?这个不可遏制的好奇,驱使着第二类人中的一小部分,继续一路前行,继续寻寻觅觅,最终成了第三类人——他们发现幸福的答案不在外人或外物那里,而在他们自己身上。于是他们开始从自己身上寻找幸福的力量。其实,这也就是宗教、艺术、哲学之所以诞生的一个主要动力:宗教,从自身的信仰中寻找力量;艺术,从自身的情感中寻找力量;哲学,从自身的思想中寻找力量。路径不同,却殊途同归,都在尝试超越生命的重负,活出精神的自明、自主、自由,获得灵魂的平静与幸福。

打个比方，这里的第一类人、第二类人、第三类人就像A君、B君和C君，他们一同去参加一个伟大诗人的新诗发布会。当他们在现场聆听着诗人的动人诗文，看到听众们翘首以盼、泪流满面，场面空前兴盛，氛围无比和谐。三君不由得各自发出感叹。

A君说：我的天，你看有那么多人崇拜他、追随他！

B君说：啊，原来他去过那么多美丽的地方，见过那么多奇特的人，参与过那么多好玩的事，生活如此多姿多彩，真让人羡慕！

C君说：他有着多么有趣的一个灵魂，有着怎样的一颗诗心，竟然能从天空、大海、飞鸟、泥沙这些如此平淡无奇的东西里源源不断地发现诗意！

你看，三君都艳羡诗人，但各有各的角度——A君强调的是诗人惊人的声望，B君关注的是诗人丰富的阅历，C君在意的是诗人觉醒的心灵。三君各有侧重点，就类似于第一类人、第二类人、第三类人在争取成功、追求幸福的过程中所聚焦的不同要素。

最高成就：立己达人

一个人对成功的追求、对幸福的期待，必然基于他自身的理解力。不同的人有不同的理解，基于不同的理解，人们选择了不同的人生道路。有的人想要引人瞩目、众星捧月，有的人想要"为往圣继绝学，为万世开太平"，有的人侧重于安身，有的人侧重于立命……看似大家都在追求成功，都在渴望幸福，其实各自瞄准的是不一样的目标，期待的是不一样的内容。

世上人千千万万，处境不同、个性不同，自然而然就产生了千千万万种各不相同的需求，因而"人各有志"。在这件事上既没必要也不可能强求一致。

所以，只要是你自己真正的心之向往，只要你用正当的方式去争取，那么不论你成就的是"外功"，还是"内功"，这都是一件令人钦佩、值得赞许的事。事实上，"外功"与"内功"除个别极端情况外,大多数时候不必然是一种选择,而可以是一种平衡,二者绝非水火不容,常常可以兼而有之。想到古人赞美一个美好的男子"品貌双绝",或赞美一个美好的女子"秀外慧中",可见标准常是"内外兼修"——执其两端而用其中。那么追求成功、追求幸福,何不也尝试着去内外兼修?既修养外功,保障生存,提高生活品质;又修养内功,充实心灵,提升自身精神品质。

纵观社会生活,不同领域、不同行业,各有各的成功标尺——商场的成功、情场的成功、艺术界的成功、科学界的成功,各有标准,自成系统。不知你是否偶尔思考过,如果撇开所有行业、所有领域的差异性,回到人性的原点——单单只是作为一个"人",那么一个"人"能达到的最高成就是什么?什么样的"人"称得上是一个"成功的人"?大概就是内外兼修、立己达人吧。

具体地说,从个人自身角度,就是你不断在超越以往的自己,过上更好的生活,同时成为更好的你,更充分地实现你的价值。然后在此基础上更进一步,突破自身,惠泽他人,协助更多人去自我实现、自我达成。如此便是内外兼修、立己达人。"己欲立而立人,己欲达而达人",通过自我成就而成就更多人；也在成就更多人的过程中，实现更高的自我成就。

　　自渡渡人，渡人自渡；自助助人，助人自助。

第五章 从自知到自信

君子如玉，于己自足自在自安，
于人可信可靠可敬，人间大美。

自负者不自信

谁不欣赏自信的人,谁不希望自己充满自信?

自信的人由内而外发着光,没有畏畏缩缩的自卑,没有摇摆不定的疑惧,做事积极、沉稳、笃定,为人坦诚、乐观、果敢。自信的人更容易获得其他人的信任,不仅如此,自信本身于己于人就具有一种正向的情绪牵引力,尤其在困境中,不论是对自身,还是对身边人,自信就是一种能鼓舞士气、振奋人心、不可多得的精神感召力。

同时,谁不讨厌自命不凡、自以为是的人?

但凡是这种自负者,总有一种迷之自大。他们从不怀疑自己的正确性,从不认真听取不同意见,在他们看来别人的异议要么是无稽之谈,要么是强词夺理。他们如此坚信自己的判断、自己的才干、自己的决定高于他人,以至于即使有人能拿出明显相反的客观事实，或提出明显更优的方案，他们照旧选择视而不见、充耳不闻，把一切反对意见视为人身攻击或制造麻烦，继而一如既往、固执己见。自负的人常给人一种过度"自信"的错觉，但实际上，自负与真正的自信，天壤之隔、云泥有别。

"自信"是基于"自知"的"达观"，而"自负"恰恰是源于"无知"的"狭隘"。自信者通过包容开明、广泛兼听来优化自身的独立判断，有助于集思广益地解决问题，而自负者刚愎自用，常以盲目的独断阻挠问题的全面讨论，不但造成毫无价值的内耗，还会因为关键时刻的错误决策而直接导致失败。

重要的是尺度

假如仅从语文角度,似乎"自信"和"自负"这两个词很容易区分:一个褒义、一个贬义,感情色彩一目了然,边界分明。然而当我们真正从语文回归生活,你就会发现很多时候,"自信"与"自负"之间的界限,远不像字面上看起来那样泾渭分明、清晰可辨。

在大学里时不时见到青年中有此类现象:初入文学、哲学领域,对盛名远播的学者前辈刚略知一二,对其人其作既没有深入的了解,也缺乏广泛的阅读,其实不明究竟,不知其所以然,却特喜欢自作聪明地夸夸其谈、指手画脚、评点江山——"这个人写的东西谁都会写……""那个人的水平也不过如此……"言下之意,他人都不怎么样,"我"才是那个更聪慧、更深刻、更高明的人,所以当人们都在追捧他们、向他们学习时,"我"却看到了他们的不足和平庸。

我欣赏年轻人身上那股子不信邪的叛逆精神,敢于挑战,不惧权威,有时确有几分初生牛犊不怕虎的直率与可爱,凭着这股子不明路数的无知之勇,偶尔还真能"乱拳打死老师傅",做出点前所未有、独辟蹊径的发明创造。然而,大多数情况下,这样的直率一再被事实证明是一种才疏学浅的草率,孤陋寡闻而又自命不凡,所以当老师们碰到如此这般的青年学子,通常会先向他推荐一些相关的著作或文章,以增加其阅读量,拓宽其眼界,接着可能会淡淡地问上一句"会不会有点太过自信了呢……",以明示、暗示各种方式提醒年轻人,在认清对象的同时,也要学会看清自己,谨慎评判,以免莫名地低估他人、高估自己,不知不觉陷入"自负"。

评价他人是自信还是自负,作为旁观者的我们或许能看得比较清晰真切。可事情一旦发生在自己身上,我们却常会把自己的"自负"当成"自信"去强化去坚持,总以为自己从来是不自负的,"自负"从来只是别人才有的毛病——你看,又"自负"了,是不是?

大多数人习惯了拿"自负"当成手电筒照射别人,而自己从来只待在背光处。一旦当别人的"自负"发生在我们自己身上，我们则会出于各种复杂的心理，自动切换感情色彩，变贬义为褒义，给出各种合理性，"自负"于是被解释成了"自信"。

这就是为什么没有人喜欢自负这个东西，可世上还有那么多自负之人的原因——因为自负的人不知道自己是自负的，他们不知道自负是什么意思，所以他们对自己的自负不自知。

那么，什么是自负？其实自以为是就是一种自负。

我们想想什么是"自以为是"？首先，你总认为自己是"是"，是对的、是正确的；与此同时，这"是"、这正确，是你"自以为"的，仅仅是你主观的个人感觉，不符合客观事实。换言之，当一个人不是实事求是地了解客观事实、实际情况，那么他所认为的"正确"不过是一种自以为是，他所秉持的所谓"自信"不过是种不切实际、自欺欺人的"自负"罢了。

乍一看，自信也好，"自负"也罢，仿佛说的都是一个人"自己相信自己"，然而它们二者有着本质区别。那么，倘若我们要在自信和自负之间划定一条分界线，那么它是什么，应该以何为界？

我们不妨想想，为什么当人们说"自信"时，常常就用

"自信"这个词,不多不少,而当人们说到"自负"时,常用的是"过度自信",言下之意是说这已经过了"自信"的尺度,比应有的"自信"多了一点不应有的余量?人们在使用日常语言时的这一点直觉,无意间是不是在向我们指点"自信"与"自负"的根本差别在于——尺度。

正是这尺度问题,导致了实质的差异。"自信"是适度地相信自己,换言之,该相信自己的时候相信自己,不该相信自己的时候就不应该相信自己,而要学着去相信更值得相信的人。那么"自负"呢?"自负"是过度地自我相信,也就是说,任何情况下,不管该不该相信自己,都绝对相信自己,始终相信自己,只相信自己。

可这么一来,似乎问题变得更多了:那什么叫适度,什么叫过度,它们之间的这个"度"怎么来区分,以什么为标准?什么情况叫作一个人该相信自己,什么情况下又不该相信自己,如何判断是哪一种情况?问题确实不少,答案其实是同一个——事实,永远以事实为依据、为标准、为尺度。怎么说?当你主观上的自信与客观事实不符,与你的真实实力不相称,那么这就是"自信过度",自信一旦超过了"事实"这个度,"自信"就变质成了"自负"。因此,当你是基于事实而相信你自己,这才叫"自信",这是一种实事求是、客观公允的自我评价;而当你对自己的信心背离事实,这就是"自负",是一种自我高估与骄傲自大。常言道"富贵而骄,自遗其咎"、骄兵必败,当"自信"偏离事实,就过度和变质成了"自负",生出"骄傲"之心,这将是一个失败的开始。

日常生活中当我们说什么与什么有"本质差别"时,常会忽略"分寸""尺度"这类看似量变的标准,总觉得与更为核心的"本质"相比,它们是无关紧要的小事。其实不然,分寸尺度其实就是本质的一部分,与本质密切相关。本质的变化常常就源于分寸尺度上的量变叠加。古人说"失之毫厘差之千里""千里之堤,溃于蚁穴"是何等的经验之谈,几乎所有的"质变"都不是突然间黑白颠倒、上下倾覆的骤变,而是分寸与尺度在日久年深、不知不觉中模糊和丢失,是长期点点滴滴、循序渐进的"量变"结果。"自信"与"自负",二者的本质差别就在于是否实事求是,是否把握好了"事实"这个终极的分寸与尺度。

道理相通,世上几乎所有的美好之物都以适度为前提。"自信"也好,"爱"也好,一旦过了合理尺度都会变质——"自负"就是那"变质的自信","溺爱"就是那"变质的爱"。而一个东西的"变质",不只是肉眼看起来不一样,而是它从内部结构到外部特征,都完完全全变成了另一种物质,性质全然不同了。就像变质了的药品不再是原来的化学成分,而是变成了另一种有着不同分子式的奇怪的化学物质,它已经不再是原本那个可以给你治病、帮你解决问题的良药,却成了某种很可能会制造出更多新问题的毒药。

当"自信"变质为"自负",就与真正的"自信"毫无关系了,那不再是人格的闪光点,而是个性的缺点,不仅不利于成事,而且对人对己都有害无益。

自信基于自知

要把握好"自信"与"自负"间的这个"度",做到"适度"以防"过度",关键在于认清事实。什么事实,哪方面的事实?既称之为"自信",当然是关于自己的事实——看清自己真实的认知水平、真实的能力才干、真实的精神品格,你才能够准确做出判断:此刻的你,是在据理力争还是在强词夺理?是自我坚持还是自我偏执?是一种清醒而高明还是盲目且顽固?总而言之,真正的自信,必然基于一个人充分的自知之明。

当你评判别人时,你怎样分辨他什么时候是自信,什么时候是自负?

首先是基于你对这个人的了解,比如你大致要知道他真实的水平和实力,那么当他的实力与他的信心相称时,你会说那是"自信";当他表现出的信心远远超出他的实力,当他对自己的能力有一种有违事实的明显高估,你会说那是"自负"。你看,这个"尺度"其实就是一个人的信心与事实是否相符,是否一致。所以,一个人的"自信"究竟是"适度"还是"过度",关键不在于他给自己打几分,是 5 分还是 10 分,而在于他的实力究竟是几分,与他给自己的打分是否匹配,差距是否悬殊。对于一个有着 12 分实力的人,10 分的自信颇为适度,略显谦逊;而对于一个仅有 3 分功力的人,7 分的自信都是过度了,夸张了,俨然成了一种名不副实的"自负"。

可见,清醒客观的自我认知,实事求是的自我评价,是自信的根本。自信必须基于自知。

"自信者"正因为有充分的自知,清楚地了解自我之所长、自我之所短,所以他才能准确地做出判断:什么情况下他应该坚持自己,什么情况下他应该相信他人,如此扬长避短、取长补短、立己、达人、成事。因而真正的"自信"并非只是一味相信自己而不相信他人,而是能根据不同情况灵活选择可信之人。真正的"自信"也不像很多人口口声声说的那样——相信"我是最棒的!"一个人的"自信",并不在于他始终坚信自己能力超群,而是他知道自己能始终做到实事求是——不论遇到什么事,他会做好自己擅长的,并把自己不擅长的事交给那些可信赖的擅长之人去做。唯有基于这样的"自知",一个人才敢有这样坚定的"自信":对于他所做的决定,即使不能取得最终的成功,也一定是所有结果中相对最好的一种。

古话说:人贵有自知之明。

"自信"与"自负"花开两支的那个分岔点就是——"自知"。自知+相信自己=自明=自信;不自知+相信自己=盲信=自负。名副其实,是自信;名不符实,就是自负。

"自知不自知"这个问题事关人的本质,所以古人把它作为评判人格贵贱的一个决定要素。

然而,"自知"既然是一件贵事,便绝非易事,不是人人唾手可得。那么,"自知"到底贵在何处,难在哪里?一个人究竟应该自知些什么内容,才算"真自知",才能"真自信"?

在此有必要说明一点:所谓"不自知",不是指对自己一无所知,而是对自己仅是一知半解,只有肤浅片面的认识。常言道"兼听则明,偏听则暗"。偏听一段话,就是一种断章取义;偏信一方,就会有失公正;对别人的片面认识,会导致我们的偏见;对自己的片面认识,就会产生自我意识的盲区。而无论是"自负"还是"自卑",其实都源于不够自知,都是一个人片面的自我认识所导致的错误的自我评价。

谁都知道,每个人都有长处和短处。但问题在于,自卑者只看到了甚至放大了自己的短处,而对自己的长处视而不见或者不以为然——仅仅"知我所不能",却不够"知我所能"。正是这种片面的自我认识引发了一个人心理上的自我怀疑和自我否定,"自卑感"油然而生。轻微的自卑感使人自觉不如其他人优秀,说话做事总差点底气;极端的自卑感则会认为自己一无是处,什么也不会做,什么也做不好,进而萌生自厌情绪。上文提到的"自负"则与之正相反,是另一种片面的自我认识,另一类不自知。自负者放大了自己的特长、优点、过人之处,却忽略了自己的短板、劣势、不足——仅仅"知我所能",却不够"知我所不能"。于是他们——妄自尊大、自以为是。

所以,一个人无论是"自卑"或是"自负",归根究底源于不够自知,对自己只有片面之见而形成了自我偏见——自卑者,仅仅知我所不能;自负者,仅仅知我所能。而真正自信的人,知我所能,也知我所不能,有清醒而全面的自我认识。

自信基于自知。一个人缺乏自信,关键往往不在自信本身，而在于他缺乏自知。所以，不妨时不时提醒自己或他人，每一个人都有自己的"能"与"不能"，再伟大的人也有他的"不能"，再卑微的人也有他超出别人的"能"。这不是一种安慰，而是一个事实。因而，没什么可自卑的，学着去找到去挖掘你之"所能"；也没什么可自负的，你也必有你之"所不能"。"能"与"不能"，所有人都有，只是不同的人有不同的份额剂量和不同的调配比例：或许有的人相对来说更全能一些，天文地理什么都懂，五花八门皆有涉猎，却都浅尝辄止；或许有的人看起来有很多"不能"，不懂商务财经、科技潮流，可他有自己独树一帜的"大能"，他深研医道，医术精湛……如是这般，或此或彼，或广而泛，或专而精，人皆有其所能，皆有其所不能。

"知我所能，我所能者，尽善尽美"，"知我所不能，我所不能者，虚怀若谷"。这是基于自知的自信，是一个人稳定的自信心的来源。

探索一下什么是你的力所能及之事，哪些是你的实力所在，对于这些"你所能""你可能"者，尽心尽力做到完善；同时，检查一下自己有什么不足之处，哪些是你不擅长的事情，对于这些"你所不能""你不可能"者，保持谦逊、学会尊重——这才是自信。

　　还得强调一点，所谓"知我所能"，知的不仅是自己可见范围之内的实力，还包括那些尚未可知、有待发掘的潜能与天赋。忽视自身的潜能、浪费自己的天赋，是对生命的一种辜负。

　　由自知而自信，进而自我实现。就像小鱼应当知道自己是鱼，不是猴子，不是猎豹，它之"所能"不是爬树摘桃，也不是与羚羊赛跑，而是"游泳"，是在江河湖海扬波逐浪。当然，自知不等于自限，自信不等于执念。也许过了一段时间，小鱼会发现它之"所能"不限于在水中来去自如，还可以在岸上活动和呼吸，那好吧，小鱼挖掘了它的潜能和天赋——原来它可以水陆两栖啊，原来它已然破茧成蝶，从类似小鱼的小蝌蚪长成了小青蛙啊！这一层新的了解更新了它的自我认识，它可以重新定义自己，并基于这个新的自知而确立起新的自信。每一次新的自我认识，都会带给你一片新的天地，让你长出、活出一个新的自我。

人格魅力

曾有学生问过我一个有趣的问题:"老师,怎么才能具有人格魅力?"

当时那个年轻人之所以这么问,他真正的关注点在于"人格魅力"的后面两个字——"魅力";他的好奇之处其实跳过了"人格",真正的发问直奔主题——"怎样才能有魅力?"

魅力,是一种让人难以抗拒的强大吸引力。他希望自己能了解一些魅力法则,进而能表现出超尘脱俗、令人折服的八方威仪,或者卓尔不群,使人如沐春风的亲和力。他以为这些外露的精彩,就是"人格魅力"的主要内容。

然而"人格魅力"这个词,其实真正的重点应该是在前两个字——"人格",是一个人的"内功"修养。一个人溢于言表的外在"魅力",其实是他的内在修养的自然流露而已。换言之,一个人有什么样的人格,就会产生什么样的人格魅力,这是本质与现象的统一。

人格是内在的火,魅力是外散的烟;人格是因,魅力是果,是你在人格完善的过程中不知不觉成于内而形于外的一种气象和力量。这种力量的强度,与你人格的高度基本成正比。人格足够正、足够高,即使长得普通、穿得朴素,依然会散发一种不可名状的真诚、威严、高贵。而当一个人的人格高到了超越他的时代,那么他的人格魅力也就永恒不朽。所谓"天不生仲尼,万古如长夜",即使仲尼久已不在人间,他的光还在普照世人,他的人格魅力贯通时空,千秋万代。

暂且不论一个人外观上的形象魅力,那么所谓人格魅力,主要来自一个人良好的教养、不凡的气度。人的这种精神气象会自内向外映射在他待人接物、为人处世的过程中,化作一言一行、一举一动间的风格和神韵,这就像一个容器里的水装得太满了,达到了饱和,水自然就会溢出容器;当一个人的精气神充实、饱满、自信,盈满他整个的内在空间,精气神也会像水溢出容器那样,从他的眼神、表情、举止、步态中溢出,表露在外,这就是人们时常说的"溢于言表""自然流露",是由人格向魅力的外化过程,所谓"人格魅力"也就是这样形成的。

生活中常见一些"牛皮大王",声称面对危机如何处乱不惊、镇定自如,绝境中怎样随机应变,凭一己之力挽回大局,可随后的诸多事实却证明,此人不过纸上谈兵、夸夸其谈而已。这就像一个男孩在向小伙伴们绘声绘色描述他在遭遇十条野狼的围攻时,如何毫不畏缩、迎头痛击,却在下一秒被路边的一只恶犬吓得魂飞魄散、疾奔逃亡……诸如此类,有一个共同点——名不符实:内有"一",企图放大为"十";内有"十",竭力乔装成"百";对自身进行过度美化,虚构魅力。

一个真正有人格魅力的人,情况往往相反,如果你感受到其"一",那么他实际有"十";如果你感受到其"十",那么他定然实际过"百"。他们对于自身的过人之处,羞于自我夸耀,因为自我夸耀,是一件与文明教养背道而驰的尴尬事;即使不得不讲述自己的成就,他们也会尽可能轻描淡写一笔带过,因为浓墨重彩地渲染自己曾经的贡献和作为,实在让人难堪。

想起了多年前看到的一个电影桥段:一个少不更事的年轻人向他的老师——一位德高望重、备受敬重的老年绅士提问:"你是绅士吗?"

当时看到这里,我不禁心下一沉,这是一个多么难回答的问题，因为不论你怎么回答都不完美——倘若你坦然承认自己是绅士，多少总显得有点骄矜自大，而这与谦逊低调、自我克制的绅士品格似乎有种明显的违和；倘若你说你不是绅士，那么对于眼前这位满怀期待，一心想了解和学习绅士风度的青年学子，又将是多么让人沮丧的事情啊……不知那位老师会如何作答？

带着好奇，我也和电影里的那位少年一样，等待着老人接下来的答复。只见他认真沉思了片刻，平静地说："我一直在努力，让自己更接近绅士的标准……"很难说我是绅士，但我从未停止过向着这个目标进步。

电影里师生二人对话后相视微笑，而我这个遥远的观众也跟着满意地笑了。真正的绅士有绅士的品格却不以绅士自居，你从他们身上看不到那种精神上高人一等的自命不凡或自我陶醉，看到的反而是更高的自我修养和人格追求。

所谓人格魅力，重点在"人格"，之所以说它是一种"魅力"，用了"魅"这个字——鬼+未，其实是想说人格的这种力量像是一个谜，不知从何而来，却让人不由自主心悦诚服，深受影响。

前面提到，人格魅力是一个人自身美好品格由内而外的"自然流露",而不应是某种刻意的矫揉造作,这并不是说,人格魅力完全是一种自然天成、无须人为教化的东西。古往今来的圣人贤哲无不强调身心修养,足以说明人格的形成虽有一部分先天因素,主要还是依赖于个人后天的学习与锤炼,于每一次待人接物的具体情境中去斟酌去提高,在点点滴滴的大事小事里去自省去完善。要知道,所有看似不假思索却又每每恰到好处的率性而为,无一不是经过了长期绳锯木断、滴水穿石的自我训练;所有看似无心的关照体贴,无一不是深具善意的"用心良苦",用心地为你着想,然后又用心地抹去一切"用心"的痕迹——看似没用心,其实无处不用心。

想到长辈常说的一句话:"做一个人,终归要对自己有点要求吧。"一个人对自己哪方面有要求,必然就会在哪方面多用功、多耕耘,自然而然也会在那方面更有进步、更有收获、更为优秀。因此,如果你是对自己的人格有要求,有志于在这方面多下功夫,愿意日久年深切磋琢磨,那么你必然也会在这方面"苟日新,日日新,又日新",达到更高的境界,取得更大的成就,在你越来越懂得如何行合情合理之事、做有情有义之人的过程中养成更优的君子之风,收获更深的人格魅力。

君子如玉,于己自足自在自安,于人可信可靠可敬,人间大美。

第六章　从成熟到自由

我们自成一个时代，
如桥梁般沟通着前人与后人、
昨天与明天、过往与未来。

人是桥梁

我曾经跟一个艺术家朋友在他的画室里一边喝茶一边闲聊，他告诉我有一回他在开长途车的路途中，恍恍惚惚中有一个突发奇想：我的父母结合产生了我，我是他们的孩子，所以我的身体里既有来自父亲的成分，也有来自母亲的成分。虽然我看起来是一个独立的、独特的、独自的人，但事实上，我的身上至少包含了来自我的父亲与母亲两方面的元素。而我的父亲和母亲又分别来自他们各自父母的结合——我的父亲身上包含了爷爷奶奶两方面的元素，同样，我的母亲身上也包含了外公外婆两个人的基因。

那么到此为止，"我"的身上就已经包含了六个人的元素。如果继续往前往上推演：我有我的父母，父母有他们的父母，祖父母还有他们的父母……就像每一根树枝都是从另一根树枝中长出，每一个人都来自另外两个人的结合，如此这般一路追溯上去，会牵涉越来越多的人……最后你会惊叹——啊！原来"我"不只是"我"，"我"来自千千万万人，"我"身上汇聚了他们所有人的元素，是他们所有人的存在一同发生作用，才促成了这样的一个"我"。

"我"不只是一个人，而是有无数个过往之人将他的一生化作了某个基因，种在了我的身体里，活在了我的生命里。

"我"的诞生，不只是从母体分离的那一刻，可以说，当世界上第一个人诞生时，甚至天地间第一个生命体出现时，"我"已然潜藏、栖息在生命新陈代谢的序列之中，随着人类历史循序渐进地展开它的卷轴，"我"经历了一个千百万年的漫长等待，直到自然与社会的各种天时地利人和为"我"潜在的生命预备好了所有具体的素材，才在某一个被我们称之为"生日"的特殊时刻，创造了那个呱呱坠地的特定的"我"。或者说，每一个人，所承载的不只是他个体的基因信息，其实他的血液里流淌着以往无数人甚至所有人的生命讯息。

有趣的是，如果我们顺流而下，往下往后继续推演，情况也是相似："我"和另一个人结合，有了一个新生命，这个新生命里有"我"；这个带着"我"的印记的新生命长大，与又一个人结合，诞生了下一个新生命，"我"由此也进入了又一个新的存在……如此生生不息、源远流长……这样看来,"我"不只是"我",某一天"我"会成为另一个后来人全部遗传基因中的一个部分,会成为未来千万个不相识的生命里的某一个组成因子,"我"的生命里神秘地蕴藏着与无数个新生命、无数代人相牵连的存在密码。

曾听一个朋友说起过她在美国见过的一大片红杉树林,露在地面上的庞大根系铺满了整片土地,它们相互交织、盘根错节、纠缠错绕、四通八达。谁若想清除其中的某一条根,几乎是妄想,因为每一条根都与其他根息息相通,每一条根都牵涉整片树林的灵魂。

人类群体何尝不是如此?无论我们是否意识到,其实,我们每一个人都与另一个人直接或间接相关。我们每一个人,对我们的后代、晚辈而言,就是一条根须,为后来者传递养分,正如对我们的祖先、前辈而言,我们是细枝片叶,继承着来自他们的传统。

尼采说:人的伟大之处在于,他是一座桥梁。"我"是一个单独的人,却也是人类基因的一个承上启下者,连接着上一代与下一代;我们自成一个时代,同时也成为众多历史时代中的一个过渡阶段,如桥梁般沟通着前人与后人、昨天与明天、过往与未来。

成长的烦恼

由于工作的关系，我常常与青年人打交道。交谈中，常常会听到不少年轻人略带抱怨地说，他们对告别童年、长大成人这件事并没有多少好感与热情，如果可以选择的话，他们更希望自己永远也不要长大，始终停留在那个永远无法重返的童年。

于是，我脑海里冒出了一连串问题：长大到底是什么意思？长大是一件好事吗？"长大"这件事，究竟是烦恼，还是喜悦？

回忆我们小的时候，谁不想快快长大？大多数小女孩或许都曾偷偷涂过妈妈的口红，对着镜子左看右照，或是穿过妈妈的高跟鞋，洋洋自得地在家里哒哒哒地来回踱步；大多数小男孩或许都曾因为爸爸的一句"你长大了"而感到某种难以名状的激动,发自内心升起一股成就感。童年时,大概所有的孩子都曾特别渴望长大,特别向往那个可以摆脱长辈的管束,可以自己拿主意、独立做决定的成人世界。

然而真到了那一天,当我们真的长大了,为什么我们并没有想象中那般喜不自禁、自由放达,反而很多人开始怀念童年。很奇怪,是不是?一度让人如此憧憬的"长大",一旦来临了,为什么就没那么有吸引力了,而曾经让人感到身心束缚、受制于人的"童年",为什么反倒变成了人们心目中那个闪闪发光的金色年华?究竟是什么造成了这样奇特的心理错位?是什么让我们一边在长大,一边却又疑惧和逃避长大?让我们对长大感到不安的,究竟是长大这件事本身,还是与长大有关的其他一些东西?比如"衰老""油腻""纯真不再"……

人性的常态是"趋乐避苦",人们都追求快乐的生活,反感那些让自己不快乐的东西。当人们不希望自己长大,不希望自己变得成熟,难道不是因为在他心目中"长大""成熟"是一件不快乐的事情?那么事实是这样吗?这值得我们思考。

很多人怀念童年,把儿童时代描述成甜蜜的回忆,仿佛"童年"就是无忧无虑、自由自在的代名词,如此完美,如此无瑕。可是童年真如我们记忆中那么甘之如饴吗？其实也不见得。

童年时的你不也有当时让你忍无可忍的痛苦或者难过吗？比如看医生，要打针吃药；心爱的玩具得不到；做了坏事被爸爸妈妈教训甚至罚站打屁股；想吃零食却不被允许；不想吃饭了却被勒令必须吃光碗里的米饭，一粒都不能浪费；下课才玩开，上课铃就响了；放学后想约三五好友去建筑工地的沙堆里寻宝或打仗，无奈作业却那么多……

人们对美好童年的执着印象，是因为客观上童年当真就那么美好，还是人们其实不知不觉中在通过主观放大过去的"美好"来反映和宣泄对当下的"不满"？

果真如此的话，那么等我们70岁的时候再回头看今天20岁、30岁、40岁的自己，会不会也像今天的我们看7岁的自己那样，觉得那是一段值得纪念的珍贵时光？情绪的滤镜似乎永远在虚构和美化已逝的过去，总让人觉得"失去的才是最好的"。换言之，童年之所以显得那么美好，会不会正因为它回不去了，正因为它是无可追忆的梦，是时间列车怎么也倒不回去的上一站美景，所以你才会如此恋恋不舍？事实上，真要让你返回童年，你未必真的心满意足。你能保证你一定不会再像当初那样趴地不起、哭闹耍赖、涕泪横流、痛苦不堪吗？

有一部法国老电影曾给我留下深刻印象，里面有个13岁的纯真帅气的小男孩朱利安，当他在二战中的某一天，噙着泪、眼睁睁看着自己最要好的朋友犹太男孩波奈和让神父——这位冒着生命危险将犹太孩子藏匿在自己学校里的沉默而深情的天主教神父——被盖世太保带走，从他的视线中消失不见，那一刻他感觉他的童年就此结束了。这部电影的名字有两个中译版本，一个是《再见，孩子们》，另一个是《再见了，童年》，我更喜欢后者。

不知你有没有想过，一个人在什么情况下会在内心深处对自己说"再见了，我的童年"？是因为到了某一个特定年龄，你不再过儿童节了吗，还是因为某一件特别的事触动了你的心，使你有生以来第一次郑重其事地去面对和思考一个问题？

在"童年"向"成熟"转变的第一刻，到底发生了什么？是初尝到了"自由"的滋味，还是首次感悟到了生活"好沉重"？

成熟与天真

　　一个人在长大的过程中随之递进的所谓"成熟",究竟指的是什么?这里我们不谈论生理上的变化,而是聚焦于人的思想、心理、精神上的变化,但那是怎样的一种变化呢?当我们评价说这个人幼稚、那个人成熟的时候,当一位父亲、母亲对自己的儿女说"你长大了"的时候,我们和他们所说的"成熟"与"长大"到底是什么意思呢,用的是什么标准呢?智商,情商,人格,还是另有所指?

　　有些人抵触"长大",因为在他们看来,"长大"意味着人生进入了西西弗斯奋力推石的无尽轮回,从此生活的重负会慢慢磨去自我的真性情,无数的艰辛与无奈会逐渐消解掉我们儿童时代的纯洁与善良;也有些人对"成熟"一词始终抱有成见,已在心里将它与"世俗乡愿""虚与委蛇""心口不一"这些社会陋习画上了等号。在他们的想象中,一个能应对如此这般复杂人性、江湖险恶的"成熟者",怎么可能天真,怎么可能真诚?之所以有人对"成熟"心怀不安,因为他的经验与想象告诉他:在现实的考验下,"成熟"与"天真"难以共存,随着人的长大,"成熟"每增多一点,"天真"就相应地会减少一分。若果真如此,"长大""成熟"岂不就是命中注定的沉沦,一场人生悲剧?!

再细想,那人们为什么会怀念童年?怀念的是童年时自己所经历的那些快乐事吗?

也许真不是,因为那些童年时的快乐事,只要你想,你现在照样可以去做,谁能阻拦?现在的你照样可以穿着套鞋踩水塘,照样可以在马路上一边哼歌一边转圈……可你为什么没这么做呢?其实那些快乐事放到现在,与当初并没有什么不同,但你不同了,你不再是童年时的那个你了,即使现在的你去做当年同样的快乐事,你未必有那时的快乐了。所以,人们为什么会怀念童年?所怀念的并不是那个特别的时间段,而是那个特别的自己,那时的自己活得多么真;我们所追忆的童年,其实就是那个童真的自己,那个对一切都如此好奇、如此多情、如此兴奋,那个率直、诚挚、本色的"我"自己。

那么，当一个人长大成熟，就一定会失去天真吗？"成熟"的进步，就一定会导致"天真"的退化吗？不一定。

我们周围就有不少白发老者是真实的反例——他们既有待人接物、为人处世时得体大方的"成熟"，同时又给人以少年感的清新，他们的喜怒哀乐仍会时不时流露出一种真挚与单纯，有一种近乎孩子气的"天真"。毫无疑问，他们是成熟的，但这种成熟，不杂、不油、不浑浊，反倒常常让人更觉质朴、清澈、恬静。这种既成熟又天真的气息，如拂面的阳光，清新透亮，又温暖有力。

有没有这样一种可能，其实"成熟"本就是一个极好的东西，是我们误解了它，我们错以为"成熟"是"天真"的反面，"成熟"会挤走"天真"？或者说，有没有另一种可能，是我们误解了"天真"，错把"幼稚"当作了"天真"，而"成熟"其实只是驱走了"幼稚"，却并不影响"天真"？换句话说，"成熟"与"幼稚"才是相互对立的，而"成熟""天真"可以完美共存。

那么，到底什么是"天真"？自然不造作、真诚不虚伪。什么是"幼稚"？认识肤浅、心智狭隘。

虽然"天真"与"幼稚"常被人混为一谈，二者其实是两码事——"幼稚"是"天真"的冒牌货,是"假天真""蠢天真""坏天真",是"过度情绪化的天真"。"成熟"的真正对立面,只是"幼稚",而不是"天真"。而一个人"成熟的过程"恰恰就是通过现实生活的锤炼,不断地去粗取精、去伪存真,像筛子过滤杂质那样过滤掉自己性情中的"幼稚"成分,而保留下那些真正经得起时间考验的更为深刻纯净的"天真"。

因此,"成熟"与"天真"并不矛盾。在一个美好的人身上恰恰二者并存、相得益彰——这样的人,思想深邃但心地单纯,意志坚定却内心温柔。

那么,一个人怎样才能保留天真,摆脱幼稚,从不成熟走向成熟?

是通过学习吗?当然,学习一定是人走向成熟的关键路径之一,要不然为什么无论古人还是现代人,都如此重视学习?可是学什么呢?一个人如果要在专业上精益求精,可以有针对性地去学习相关的专业理论、知识、技能,那一个人如果要在人格上趋于成熟,又该学些什么呢?学文史哲,学社会学,学处世之道吗?而且应该跟谁学呢?看书吗?看什么书,学问之书、生活之书、社会之书、自然之书?向前人的经验学,从自己的生活阅历学吗?可是,一个人的知识量与他的人格成熟度成正比吗？好像也不见得。学问渊博是一回事，明辨是非是另一回事。学问固然有助于人的成熟，但学问并不必然带来人的成熟。有学问、有学历、有学位，却依然心智幼稚的男男女女，大有人在，此"三学"不足以评判一个人是否成熟。

好吧，人的"成熟"不一定从学问中来。那么，阅历管用吗？一个人的阅历越丰富，他就会越成熟吗？一般来说是的，但也不一定。古语云："秦人无暇自哀而后人哀之，后人哀之而不鉴之，亦使后人而复哀后人也。"所谓"太阳底下无新鲜事"。

翻看千百年来的人类历史，再看看我们每个人身边的生活日常，其实人们每天都在耳闻目睹着相似的吵吵闹闹、分分合合，似乎也未见得有多少人真正能以史为鉴、以人为鉴。当相似的事发生在自己身上，自己不也还是像其他人一样，重复着无数人重复过的错误，选择了其他人已亲身验证过一万遍的人生弯路。见多识广是一回事，心智洞明是另一回事。眼界阅历诚然是成熟之路上的加分项，却终究不是决定要素。

那么，人格的"成熟"，究竟是由什么决定的？

很久以前，一位哲学老师讲了一段他去九华山游学讲课的亲身经历，大致是说：有一次他被邀请去九华山讲课。晚上他独自在悠悠山路上漫步，对于早已习惯了上海熙熙攘攘、车水马龙的他，此刻看到明月下树影婆娑、清泉淙淙的山景，感到美不胜收，如此远离喧嚣，令人烦恼尽消、心旷神怡！他情不自禁一边低声吟诵"明月松间照，清泉石上流"，一边移步走近小溪，近观这轻快流淌的源头活水。

看着看着，他突然心生疑问："如此清净明澈的泉水将流向何方？"放眼望去，泉水从山顶一路流向山下。"啊呀，这么纯洁无污染的清泉之水要流向山下的人世繁华，被用来洗澡、淘米、冲厕所？啊，这实在太可惜了！"他顿觉不安。然而，哲学爱好者往往有着一股子不可遏制的打破砂锅问到底的冲动，凡事喜欢追根溯源。于是他继续自问："那被污染的水，又将流向何方？"他想到，有一部分的水，会在阳光的照耀下蒸发为水蒸气，在蒸发的过程中完成自我净化，然后化作雨雪霜雾，落入地面的水道，随之东流入海；另一部分的水将渗透到泥土之中，经过土壤的自然净化，回归清澈，随着地下水道汇集入海。于是，九华山的清清泉水虽沿途历经污浊、饱受沾染，最终还将融入大海，在汪洋大海这个具有强大自净能力的、庞大的生态水系中，再度回归清澈明净。想到这里，他心下安然。

人的成长何尝不像九华山的泉水一样？每个人初生时都有一个纯净无杂质的人生起点，就如那清淙欢快的涓涓细流。然后必要经历一段跌宕起伏、纷乱繁杂的人生成长过程，就如那备受污染、浑浊不堪的河道。可最终，每个人总会回归于一个清净自在的人生终点，就如那容纳百川而自成一体的汪洋大海。

这就是人的一生。在这个人生成长的过程中，我们长大成人，看似越来越远离童年时小溪般的"单纯"，然而如果换个角度看，事实上随着我们人格的成熟，我们也是在越来越趋近那个更为淳厚、更为宽广、更为圆满的"大天真"——大海般的"天真"。

成熟的自净系统

一个人从童年走向成熟，从一泓清泉变成一片汪洋，是从相对"狭隘的单纯"走向"博大的天真"；由相对"无知真空的清澈"渐入"杂而不乱、丰富和谐的澄明"。

童年的清澈，是因为涉世不深。那时的我们知道得很少，经历得很少，而即使是我们所知道的和所经历的，绝大多数也已经过他人的分析、辨别、筛选和加工，是二手资料。童年的我们尚未建立起精神的自由、人格的独立，远不具备去粗取精、去伪存真的"自净能力"；我们所体会到的生活的酸甜苦辣，多半是前人或长辈善意"品味""咀嚼""过滤"后的提纯之物，我们所接触到的世界常常也不是全然真实的世界，而是经由他人一定程度"净化"后的世界，他们尽其所能把污水蒸馏为净水，将惊涛骇浪的现实生活改写成无风无浪的童话，暴风骤雨就此被挡在我们的认知和经验之外，我们所感受到的大多是和风细雨、扑面暖阳。

童年时临睡前我们听父母讲那些美好的故事，而我们自身也生活在父母精心创造的美好故事之中。我们因为美丽善良的公主受难而落泪，而这样的落泪也成了我们美丽生活中绝无仅有的"受难"，仅是一场场"茶杯里的风暴"。我们没有亲历原始的世界，没有直面真实的生活，我们亲历的是经过他人意志（往往是善意的）改造过的生活，我们站在了父母、师长用爱与保护编织的无形栅栏内远眺着看似真切的世界。童年的清澈和单纯，往往是无菌环境的结果，是花房里常年的室温。然而"水至清则无鱼"，那样的"至清""至纯"实际上源于"无物""无知""真空"，它纯美但缺乏力量，脆弱而经不起考验。

成熟的天真，是"专精而不自闭，开放而有所守"。随着自然的长大过程，我们了解的东西更多，人生经历也渐趋复杂。而与之同步发生的是，至亲之人日渐老去，无菌环境逐渐瓦解，我们不得不凭借自身之力去应对世界，独立生活。

自我的独立，包含了经济的独立和精神的独立，缺一不可。经济独立意味着物质上自给自足，无须他人供养；精神独立则意味着在自我独立思考的基础上进行辨析、选择和行动，自己主宰自己而不被他人所主宰。当然，不要把它极端化地理解为无视他人的忠告或建议、不接受他人善意的帮助或提醒，那又成了"自闭""自负""刚愎自用"了，又成了一种幼稚、不成熟了。

一个具有"成熟"精神的人，在生活的前行过程中会逐渐形成一套独立的"自净"系统，区分清浊、评断优劣，然后正本清源、去劣存优；一个"成熟的自净系统"本身也不是一成不变的静态模式，它自身也会不断地进化升级，向着系统自身的"成熟"长足发展。

"成熟的自净系统"在净化外物的同时，也自我反省、自我审查、自我检修，净化自身，以此确保"自净"功能不片面、不僵化、不专断，不受"自以为是"这种致命病毒的侵害，"毋意毋必毋固毋我"，以臻于完善。

"成熟者"保持着自我精神世界的完整，同时与外部世界保持着开放互动，并在这样的人我沟通中，摄取和吸收有益的活力与营养，以更新升级自身的"自净系统"：他坚守一些好东西，但并不排斥其他好东西；他珍视传统中的美好，但不拒绝新的潮流创意；在"真善美"原则下，他欢迎一切、包容所有。

"成熟者"需要有开放的胸襟、复杂的头脑，才能应对变化多端的现实，同时他也一定会保留心底的纯真，如此才是做自己，才是自由。其实开放的胸襟与复杂的头脑，正是他用来保护和捍卫自己心底那一份纯真的有力武器。如此，他的纯真才不必依赖于良好的外部环境或他人的保障，他可以自己依靠自己，自己保护自己，即便身在鱼龙混杂、野蛮纷乱的环境，他依然能够用他的"成熟"保护好他的"天真"，并用他的"天真"指引他的"成熟"。

"淡泊之守，须从浓艳场中试来，镇定之操，还向纷纭境上勘过。"（明代文学家陈继儒《小窗幽记》）清清泉水，经历过沧海桑田、人世周折后，复归汪洋大海——从"单纯"走向"复杂"，最终二者统一于"成熟的天真"。

成熟的开心

我们从童年走向成熟,越来越懂得快乐并不只是"此一时彼一时的激动兴奋",也可以是"温和持久的平静安然"。

孩童时我们情绪多变,常常"因物喜,因己悲",眼前的得失主宰了我们的全部激情。"得到"时我们无比兴奋,欢蹦乱跳,"得不到"时我们垂头丧气,甚至大发雷霆。正如"快乐"一词的字面意思所暗示的那样,"乐"总是"快"的,来得快,去得也快,常常不过是这一时兴起,然后下一刻败兴,因一事不满便可瞬间从高兴坠入沮丧,没有任何过渡。

儿童的快乐和伤心来得多么简单,有糖吃就笑,吃不到糖就哭;吃到了糖,笑了,一会儿又因为不让吃太多巧克力而哭。赢了人家的玻璃弹珠就得意扬扬,输了就无精打采;

虽然赢了玻璃弹珠,却又因为拿不来人家手里投石射鸟的弹弓而苦恼叹息。

得到很多好东西,就快乐,而总有一些东西也很好,但是得不到,于是就难过。

童年的"因物喜,因己悲",自然本真,单纯可爱,可惜这样的快乐只是片刻的满足、暂时的幸福,短暂难长久。

成熟的开心,在"因物喜,因己悲"这个天然人性的频道之外,多了一个"不以物喜,不以己悲"的个人修养的频道。

当你"得到"时,你有"得到"的快乐;如果你"没得到",你培养出了一种"释怀"的豁达。当你遇到了特别的乐事,你享受那个高昂飞扬的情绪;当你坠入情绪的低谷,你学会了"允许自己不开心"的宽容与安然。

我常跟人说"开心就好",但是这里的"开心"不是"快乐",而是与"快乐"有着不同性质的另一种状态——"快乐"因为来去匆匆,所以需要你不断地用各种"乐事"去刺激去喂养,而"开心"是打开你的心,对己、对人、对自然、对生活,敞开你的心,让你的心更宽宏包容、无所计较。

当你学会打开你的心，当你的心是开放的，它就能容纳世间万象，"欢欣"和"悲苦"可以在你的心里自由出入，而你可以只是平静地看着它们来来去去，任由它们自生自灭，好似在平静的海面上吹过一丝微风，偶泛微漪，随即平复。你看过翻滚的龙卷风吗，它疯狂暴虐，席卷一切，可在那个风暴里面，在风暴的中心，是静的，外围的激烈狂躁没有侵入、没有撼动核心处的那团静。

当你一心追求快乐，抗拒不快乐，你会变得紧张焦虑；而当你不再那么计较快乐不快乐这件事，你允许它们时有发生，自由来去，你会变得更平和放松，这是成熟者的"开心"。这种开心基于对生活的理解、接受与包容，它可以是无条件的，可以是绝对的。当他有糖吃，自然很开心，吃不到糖，他也还好；赢了人家，也兴奋，输了呢，也不难过；美味佳肴不拒绝，粗茶淡饭也不在意；得意之时兴致盎然，失意之时也心平气和——他对生活不强求，他允许生活自由展开，这就像一位禅师曾说的："幸福不在于你得到多少，而在于你计较多少，计较得越少越幸福。"当一个人什么都不计较的时候，又何来怨念？

如果一个人修养出了"不以物喜，不以己悲"这一层境界，那么他的心总是敞开的，这样的"开心"不是情绪飞扬时的哈哈大笑,而是安安静静地把心一放——"放心"——允许一切发生,而不论发生什么,他自会从中找出乐趣,若实在无乐可寻,他自会无中生有,自行创造一些乐趣出来,然后自得其乐——于是,对他而言,不论生活是起还是落,心常开,人常乐。

由此想起法国女作家杜拉斯:"我的快乐之道并不仅仅在于做自己喜欢的事情,更在于喜欢做自己不得不做的事情。"杰出的英国哲学家维特根斯坦在他的日记中也写下了相似的心得:"我有一种独特的能力——在我必须做的任何事情中找到乐趣。于是,就没有什么能让人不开心的了。"生活总有很多不如意,总在发生很多不乐之事,对此我们无可奈何,什么也做不了,即使"成熟者"对此也是无能为力;然而"成熟者"有一项特异功能:纵然不乐之事发生在他们身上,他们甚至能借此"不乐"为素材,去发现和创造新的"乐趣"。

你看,"成熟"就是这么一样极美好、极宝贵的东西——它不取消你的"快感"之"乐",却增加了你"面朝大海,春暖花开"的"开朗达观";"成熟"并不一定会增加你眼神中的"世故"与"沧桑",却能让你在经历挫折与沧桑时懂得如何用复杂的头脑与高超的本领来支撑和维护你心底的天真、精神的自由。

"成熟"没法阻止你皮肤上的皱纹,却可以保持你的灵魂永远不起皱纹。

成熟通向自由

一个人越成熟，就越接近自由。

身体的成熟，使人在生理上越来越完备，越来越自由。

就像小孩子的肠胃，还没完全长成，消化吸收能力都相对脆弱，都不够强大，因而在食物的选择上必须受到很多限制，硬的、生的、滚烫的、冰冻的、辛辣的、刺激的……都不合适；而肠胃功能的成熟，则确保了人们可以在饮食方面更不羁、更随意、更自由。同样地，身体的成熟伴随着性成熟。性成熟赋予人类以创造新生命、另造新人的能力与自由。伴随着身体的成熟，人的精神也渐趋成熟。精神成熟意味着精神更自由。

而精神上成熟的人，跳出了理性与感性的对立状态，他擅于使感性与理性各安其位，协同合作——用感性为自己设定理想的方向，用理性一路开道、披荆斩棘；或是用理性划定"有所为""有所不为"的界限，然后在"有所为"的领地上，释放感性，纵情起舞。精神的"成熟"，意味着生命的和谐，理性与感性达成统一，开始进入"从心所欲，不逾矩"的自由。这种精神的高度自由，是"成熟者"的一大里程碑。然而，"成熟"还有更高境界。

一个人往往通过对自我本心的认识而洞悉普遍人性，当一个人品尝过精神的自由，他情不自禁会理解和协助其他人追求自由，领略自由的美味。自由并助人自由，是更大的"成熟"，是"成熟"的更高境界。

想到1952年诺贝尔和平奖获得者阿尔伯特·史怀哲博士，30岁之前他在学术与艺术中享受精神的自由烂漫，而30岁之后他潜心医学，之后前往非洲，在那里服务了半个世纪。他敬畏生命，用医学帮助那些病人、弱者，帮助他们实现最基本的人身自由——生存，活下去。又如孔子在自我精神达到"从心所欲"、率性而为的同时，又通过"传道授业解惑"辅助他人实现精神的"内在超越"、生命的心安与自由。

对于个体而言,"成熟"使自我更接近精神自由;当"成熟"的条件与力量超越个体之上,"成熟"是立己达人,是自我活出自由的同时协助更多人实现自由;是由一己之乐推而广之,传递更深远的幸福。

第七章 从觉察到觉悟

一沙一世界，一花一天堂；
双手握无限，刹那是永恒。

觉察

在中国哲学里,"觉"字颇具分量,它既是一种直观又是一种分析,既感性又理性,意蕴深远。

如果按照大小、深浅进行粗略区分,"觉"大致可分为两种:第一种,小的浅的——觉察;第二种,大的深的——觉悟。

当人们用到"觉察"一词时,潜台词是:我感受到了,意识到了,注意到了。它一般指的是对细节、片段、相对微观的现象有所发现。

觉察可以分为"觉他"和"自觉"。所谓"觉他",就是对自身之外的人与事有觉察,比如说觉知到他人的言行举止有轻微异常——为什么他今天的神色和平时不大一样,说话间左顾右盼,眼神飘忽游离?再比如发现他人形容外貌的细小变化——她的发型有了改变,她今天系了一条蓝色丝巾……热恋中的男男女女,往往对对方的方方面面有着尤为敏锐的觉察……这些是"觉他",对于他人的觉察。

还有另外一种"觉他",表现在对周边的环境氛围有着特别细致精微的感知力。比如说,有个朋友说曾在某个春日的清晨起床,那会儿特别早,仍万籁俱寂,当他走出家门,在室外迈出第一步时,突然感到正是他迈出的这一步搅动了那原本宁静的空气,把沉淀了整整一晚上的某种花香给撩了起来。或者当你进入某个房间,虽然房间里一切陈设如常,但你总觉得哪里不大对劲,气氛中隐含着一种紧张、一丝杀气,这不是电影中常有的桥段吗?这也是一种"觉他"。

当这种"觉察"用到自己身上,当一个人对自己的身心变化有所觉察,就是"自觉"。首先,这种"自觉"可能是对自己身体上的微小状况的觉知,比如说有时候你整个身体状态都很好,但你感觉到某一处皮肤有点隐隐作痛或者微微发麻;又或者有些人在打坐时会观想自己的呼吸吐纳,随着气息的一出一入,身体也一张一弛。这些是身体上的"自觉"。

同时,"自觉"也可以是对自我精神状态、思想意识变化的洞察。比如有个朋友在工作中被同事欺负了,他一向表现得很有涵养,人家当面对他说了不少冷嘲热讽的话,他也只是一笑置之。我一直佩服他定力非常，有点真功夫。可后来有一次他跟我谈到这事时，骤然对那个同事破口大骂，言辞激烈粗暴。说实话我当时吃了一惊，就对他讲："那个人确实不对，可你现在却变得跟他一样，甚至可能还不如他。他是当面说你不好，至少你有机会当面反驳，可你现在是在背后说别人，你可没给他机会辩解哦。"之后我看到他把自己的个人签名档换成了这句话：我讨厌他，却一不小心成了我所讨厌的他。这也算是一种精神的"自觉"吧。

那么，一个人如何做到"自觉"呢？

人在世界上活一辈子，你只可能是你自己，所以你必定是你自己生活的当局者。而"自觉"有一个诀窍：在你做你自己生活当局者的同时，你时不时抽身而出，试着从一个局外人的角度来看看你自己，像一个陌生人一样，冷静公正、不抱偏见地来评价一下局中的这个你。这个从"当局者"到"局外人"的视角切换，是一种退身而出、反观自身，这是一个非常好的自觉方法。

我一直觉得世界上有两种人很厉害：第一种人，对别人像对自己一样热情；第二种人，对自己像对别人一样冷酷。这两种人都做到了公平，对人对己能一视同仁。常言道"当局者迷，旁观者清"，只有当你能像个局外人那样冷眼旁观自己，才能突破局中人的迷境，把自己看个真切，看个彻底。

我相信，大多数人都是喜欢自己的。一个人要是不喜欢自己，日子应该会很难过的。但是，你到底是真心喜欢你自己，由衷地欣赏你自己这样一个人，还是说，其实你不喜欢你自己这个人，但因为你只能是你自己，所以你在努力忍受你自己，不得不假装喜欢你自己——这还真是个问题，答案很难说。这个时候要看清事实，你不妨站到一个局外人的角度，或许你会看清事实——假如你不是你自己，而是另一个人，这个人跟你无关，那你会喜欢像你自己这样的一个外人吗？假如你是一个旁人、路人、陌生人，你会欣赏这样一个你吗？你会希望跟你自己这样的一个人交朋友，信任他，关爱他，对他敞开心扉吗？

假如你只是一个局外人，而不是你自己，而你发自内心欣赏这样的一个你，真心愿意和你自己这样的一个人交朋友，这说明你是真的很喜欢自己，你为自己感到骄傲，你活成了自己心目中理想的样子。但如果情况不是这样，也是一种真相大白，是不是？此种有何深意，你懂的。

如果你想做一个自觉的人，想要对自己有个全面深刻的自我认识，那么这真是一个值得一试的好方法：既做自己的当局者，全然地去投入生活、感受生活；同时，时不时能抽身而出，用精神之光反观自身，做自己的一个局外人、一个旁观者，冷冷清清地来看看当下这个风风火火的自己，你喜不喜欢他？欣赏不欣赏他？信任不信任他？愿不愿意跟他交朋友？

如实地回答你自己，这个发自内心的诚实的答案，会帮助你更看清你自己。这可不是人格分裂，而是自我意识的清醒，是一种难能可贵的自我审视、自我觉察。

《小窗幽记》里有句话："从极迷处识迷，则到处醒；将难放怀一放，则万境宽。"迷局中的你若想突破迷局，正需要站在局外时你的那一点镇静；执念中的你若想放下执念，正需要于边缘处旁观时你的那一对冷眼。

身在糊涂境，不失本来心，我们需要的正是这样一种精神的自觉。

觉悟

觉悟和觉察是相对的。前面提到，一般人们表达"觉察"时会说：我感受到了，我意识到了，我注意到了；那么表达"觉悟"时往往说的就是：我懂了，我明白了，我领会了，我参透了。

觉察就像是你发现了一片叶、一朵花，一片片叶、一朵朵花……你注意到了很多隐蔽的细节；而觉悟就是你越走越深，越走越高，最后你看到了那串起每一片叶、每一朵花的整棵大树，你穿透了那些可见的细节、繁杂的现象，对事物内在的本质与规律有了一种整体的了解，对覆盖所有局部的全局有了一个鸟瞰式的概观。

觉察，就像福尔摩斯在细心观察下发现了种种零零碎碎的蛛丝马迹；而觉悟，就像是在这些蛛丝马迹中，找出了一个四通八达的逻辑体系，这个体系把所有的细节都串联了起来，足以还原整个事件的本来面目——"哦，原来如此！事情就是这样的！"

当你长期保持清醒的自我意识，时不时作为局外人，自我审视——看看自己身上正在发生一些什么变化，看看自己此刻正在做的这件事是不是发自内心认同，看看当下的这个自己是不是你所喜欢的、欣赏的、信任的、希望的。如此用精神之光反观自身，点点滴滴积淀起来的自我发现，便是一种自我觉察。

自我觉察多了之后，就像人们常说的，量变会达到质变，丝丝缕缕的渐悟会激活醍醐灌顶的顿悟。自我觉察的过程，是你发现——这不是我，那不是我，这不是我要走的路，那不是我渴望的生活，它通常以"自我否定式"居多。而自我觉悟的瞬间，意味着有那么一刻你恍然明白了——原来我是这样的，原来这才是我，原来这就是我的路，原来这就是我想要的生活，它更接近一种"自我确定性"。

点点滴滴的自我觉察，有点像剥笋，一层一层剥去外壳，就像一次一次确认什么是"我所不是"，当你越来越接近笋心，你也正在越来越接近"我所是"的真相，通过这个"去伪存真"的过程，你逐渐走近自己的本心，逐渐认清自我的内核——最终看明白什么是真正的你，你是谁。一个人完整的自觉，经由自我觉察，通达自我觉悟；从渐悟到顿悟；从零星琐屑的自我碎片的收集，到全面系统的自我整体的把握，这个连续过程，就是一个人从浅入深、由表及里的"自觉"过程。

可见，"自觉"不是一件一蹴而就的事，它是个长期探索的过程。因为人很复杂，身边的其他人很复杂，你自己作为一个人也同样复杂。人有很多很多层，如果要真正通透地了解一个人，需要慢慢来，慢慢来才体现了诚意。假如你简单粗暴、急不可耐，那是很缺乏诚意的。就像在谈恋爱的过程中，你慢慢地、渐进地去了解一个人，理解他、读懂他，这份耐心和精细，恰是你对他心怀诚意的体现。一样的道理，当你面对的是你自己，你若同样能做到不焦不躁，借着日常生活中点点滴滴的人与事，顺藤摸瓜、循序渐进地来看清真实的你自己，这就体现了你对了解你自己这件事、你对你自己这个人，心怀一片诚意。保持耐心，慢慢来，才显诚意。

人真是极其复杂的一种生物，人的精神剖面就像五花肉，分成很多层。一层与一层可能差别巨大，每一层有每一层的独特质感。有的人表面看上去是如此热情开朗，可假如你有机会探入他的内在，也许看到的是一片阴郁冰凉；有的人在众人的印象中很是温和随意，本质上却可能是个狂暴偏激的人；有的人乍一看高冷而不可亲近，其实内心藏着很深很深的热情，只是暂时找不到一个出口去释放这些热情；有的人在人前显得十分木讷孤傲，而当你深入了解下去，却可能发现原来他是个在自己的独特世界里如此自得其乐的有趣灵魂。人就是这样一个各种矛盾相互交织渗透的综合体，内和外常常可能不一致，甚至是相反的，人们用这样的方式寻找自我的平衡。

因而，看似特别"天使"的人，未必是真天使。魔鬼之所以具有非凡的蛊惑力，常常并非因为它青面獠牙、凶神恶煞，而恰恰是因为它容貌美善，有着天使般的吸引力，所以一个人究竟是"天使"还是"魔鬼"，还是"天使-魔鬼"的混合体质，有待进一步深入考察。人是复杂多面的，没有人只有长处而没有短处，只有随和而没有脾气。即便皎洁如月亮，也有暗面，如果你只看见一面，不代表它只有这一面。另一面始终存在着，只是因为你看不见，所以你不知道，所以你以为它不存在而已。事实上，月亮这一面的明度与另一面的暗度大体相当。长久的观察与思考时常给我这样一种印象：其实人也差不多如此，同一个人身上的两种相互矛盾的对立元素也常处于类似一明一暗、一正一负、能量平衡的状态，比如自律与放纵、理性与感性、精神与本能、天使面与魔鬼面……一个在工作中必须长期保持高度理性的人，往往有其不为人知的特别感性冲动的一面；而一个时时处处展示出天使一面的人，如果哪天一不小心将深藏不露的魔鬼那一面示人，其能量怕也是同等惊人的。

总体而言，人类社会、人性层面的光与影、情与思、理与欲，对立面之间总是此消彼长，程度大致相当，基本保持对称，很多时候与物理学上的能量守恒定律颇为神似。

要真正了解某一个人，要真正了解你自己，要真正了解这大千世界上任何一个有灵魂的生命体，你都要学会穿透层层外壳，深入内核，就像剥笋那样。因为最本质、最核心的东西，一般都藏在最深处，它存而不显，却无处不在。因此，给真正的了解留足时间，慢慢地剥这颗笋，耐心地、循序渐进地去解开复杂人性的一个又一个谜。

曾有人问我："你一直说自我认识，那么你认识你自己了吗？"很凶猛的一个问题。又问："那么你到底是谁？"很有深度的一个问题，有点像禅宗故事里那些机锋交错的当头棒喝。

我认真地思考了一会儿，回了一句："我是谁？我的一言一行、一举一动，我的一切，其实都在说明我是谁。关键在于你看得懂看不懂了。"

我的一切都在说明我是谁，其实，你的一切也都在说明你是谁。你是谁，不在于你说了什么——当你说话时，你在表达你自己；当你不说话时，其实你也在表达你自己，甚至可能表达得更多，要知道即使是你的静默、你的叹息、你眉宇间片刻的忧郁或喜色，其实都是你的一种自我表达——说话或不说话，你都在表达你自己，都在说明你是谁。

因而，要深入了解一个人，真正读懂一个人，这个人包括你自己，永远不可能短期内速成，为此你必须留足时间，如此才能跟随着生活画卷的自然展开，不紧不慢地去伪存真，接近真相。

做你的当局者，全身心投入生活的当下，去感受去经历；同时，时不时做你的局外人，旁观自己这个局中人在重要时刻的进退取舍，去反思去体悟此中的深意——当局者和局外人，互为参照，相互制衡，长此以往，你会更清晰地看到关于你自己的更多真相，并随之发现一个足以令你心生惊奇的更完整的你。

觉悟之乐

很多人一听到诸如"觉悟"这类词，总觉得那该是怎样一种异乎寻常、玄奥莫测的高深修行，或者那该是怎样一层世人望尘莫及的至高境界。事实上每个人都有悟性，人人皆有所觉悟。只是，由于人的天分有高下，生活各种机缘巧合，每个人的"觉悟"有迟有早，程度有深有浅，如此而已。

"觉悟"这个东西虽然听起来玄之又玄，如果要一言以蔽之，如何判定"觉悟"的高下，倒也不难，不妨借用人们生活中常说的一句话——"站得高，看得远"。

打个比方，比如楼层，一般而言，站在三楼的人能看到的东西，站在十楼的人也能看得到，不但看得到，而且比三楼的人看得更全面、更完整；而三楼的人无论如何也看不到的景致，十楼的人却可以轻而易举看个清楚真切。三楼的人看到一条小河被一座大山挡住，流至尽头，不由得心生哀伤，一声悲叹；可谁料站在十楼的人，因为站得足够高，甚至高过了山顶，所以他的视线能够越过山巅，看到山的那一边，于是他欣喜地发现那条小河并没有被大山阻断，它绕过了大山，在山的那一边继续绵延流淌，直奔远方，而且在途中纳百川而汇成了大江大河，汹涌奔腾、浪涛滚滚、东流赴海；所以当三楼的人正为小河的命运悲悲切切时，十楼的人却充满希望，无限乐观。

一样的道理，我们很多人觉悟相对较低，有时会觉得某件事实在做不下去了，某个任务实在不可能完成，因为阻力太大，困境如山，无论如何也难以克服，就像那座阴沉沉的大山死死地挡住了小河的去路，叫人无计可施；然而那些觉悟高的人，面对此类情况却能做到从容应对、举重若轻，这不一定是因为他们有更强的实操能力，常常是因为我们站在精神境界的三楼，而他们站在十楼，他们站得比我们更高，看得比我们更长远，就像那个站在公寓十楼的人看到大山那边小河继续奔流一样，精神境界较高的"觉悟者"在眼前的这一危机中发现了生机。于是在我们停滞不前的地方，他们继续稳步推进。所以，这类人常给人感觉能"绝处逢生""大难不死""于夹缝中得幸存",人们赞誉他们为"智者""天才""牛人",其实说到底,是相对多数人而言,他们是"更有觉悟的人",有着更高的精神境界。

什么是"觉悟"的最高境界?当然就是"彻悟",也就是通常所说的"大彻大悟",意味着一个人对生命的真相、对世界的本质,看了个明白通透。

这里的"彻悟",类似于人们平时常说的"看破红尘""参透世事"。然而说到这个份上,就有不少人会产生误解:有了这样的"彻悟",是不是接下来就必是遁入空门,出家为尼或削发为僧,从此走上青灯古佛、清心寡欲的佛系人生了?非也,一个人看破红尘、参透世事,与投身佛门并无必然联系,一个彻悟者也未必就一定是一名宗教人士。

所谓"红尘",是指世俗生活;所谓"看破红尘",就是指一个人的精神超拔于世俗生活之上;所谓"参透世事",就是说一个人看得比世人更通透,能透过世间万象看到事物发展的本质与趋势。对应前面所说的,当一个人在精神境界这座公寓楼层中,站得比芸芸众生更高,看得比普罗大众更深远,那么他就是一个有着更高觉悟的人。当这个人哪天站到了精神境界的最高层——"顶楼景观房","会当凌绝顶,一览众山小",那么他便是一个"彻悟"的人。

　　用佛家术语,人们常将这样的"彻悟者"称为"佛"。然而"佛"不是天外来客,"佛"其实就是一个彻底觉悟了的人,是一个"觉解万法,事事通达"、尽已大彻大悟的人。

死生悠悠

既然是"大彻大悟",自然应是彻悟所有,毫无例外。那么在日常生活中,人们最看不破、最难参透的是什么?

"生死"。

倘若彻悟者果真已"彻悟",那么他定然能看破生命,参透死亡,并且安然受死。然而,这是否可能?这何以可能?

冯友兰在《中国哲学简史》一书中解释庄子的智慧时用了这样一个例子:

小孩子相对于大人而言,往往不能理解很多事,比如"下雨天不能出去玩"。碰到这种情况时,小孩子常常会满地打滚、捶胸顿足、哭闹不止,有时竟然会生气一整天。可是大人们自然不会这样,因为大人们能理解:天难免会下雨,一下雨地面就很湿，出门游玩有诸多不便，趣味和快乐都会因此打折，等改天不下雨了再出去，会更自由、更尽兴。那么在这一点上，相对于小孩子而言，大人们就站得更高，看得更远，更有"觉悟"。

"彻悟者"在生死问题上，对于大多数人来说，就像大人对于小孩子。

虽然人人都知道"人会死"，这是一个不争的事实、一个绝对的知识、一个必然的宿命，但极少有人能对"我会死，我的生命正逐渐趋近死亡"这一事实真正释怀。几乎没有人能摆脱对死亡的恐惧，每每一想到它，一说到它，或诚惶诚恐，或神思黯然，极少有人能泰然处之。

然而彻悟者对此能释怀——不恐惧，不惊慌，安时处顺；不贪生，不惧死，从容赴死。为什么有人能这样？怎么能做到这样？

如前所述，我们多数人看到的生命就像那个三楼的人看到的那条小河，我们所看到的死亡也就像那座巍然耸立的大山，大山拦挡了小河，正如死亡阻断了生命，我们看到生命无法越过死亡，无限悲痛，正如三楼的人看到小河流到尽头，何其哀伤。

而彻悟者眼中的生命，就像那个十楼的人看到的小河，死亡也像他所看到的那座大山，虽然同样阴森恐怖，却并非不可超越，正如十楼的人看到了小河在大山的那一边继续延伸、逐渐壮大，彻悟者看到的是"生命"并未被"死亡"取消，而是在经历了"死亡"这个特殊环节之后进入了存在的另一种状态，转化成了另一个存在的形式。生命依然还在，生命还在继续，只是变得与之前的样子有所不同。

　　有时想，生命似乎就是装在身体这个皮囊中的一束意识、一团精神，所谓死亡就是意识从皮囊中解散，精神出离身体，进入身体之外的无限时空。时间平稳地将每一个人从摇篮推向坟墓，生命中的每一天、每一分、每一秒，其实我们都在变老，都在接近死亡，也正是在这一过程中，那团凝聚在身体内的精神正一丝一缕、不易察觉地从皮囊之内散溢到皮囊之外，人的"精气神"逐渐向空气中弥漫，直到人的最后一丝气息通过呼吸等方式从身体内输出。于是，这一段生命历程就此完成。

　　你可以想象，这个过程就像水以极其缓慢的速度，从一个圆形容器滴漏入另一个方形容器，一点一滴、一点一滴……直到圆形容器中的最后一滴水滑入那个方形容器，由此生命从这一个状态过渡到了下一个状态。这也像沙漏中的沙粒不紧不慢却片刻不停地往下坠落，一颗一颗，持续不断……直到上半部分的最后一颗沙粒,轻轻地安落在下半部分的沙堆顶端,时间到了,计时完成。

其实,在两个容器中流动的水的总量并没有发生改变,改变的只是水的形状,从圆形变成了方形;沙漏里沙粒的总数也是一样,不同的只是沙粒的空间位置。

那么生命的进展是否与之相似?

从生到死,我们生命的过程就像是意识从身体中逐渐消散,精神以极为平缓却又持续不断的节奏徐徐地脱离其物质载体,广泛逸散。精神意识总量恒定,只是从凝聚在某一个可见形体中的一团浓郁,弥散于无边无际的广阔空间中,变得无迹可寻。换言之,当死亡来临,生命不"见"了,却并没有消失;生命,经过了死亡,发生了变形,但它依然存在,它变成了一种看不见的存在;或者说,死亡并不是消灭生命,而是让生命发生了一些常人无法理解的换挡——从肉眼可见,变成了肉眼不可见;从有形有体,变成了隐形无踪。

有朋友说,完整的一天,既有白昼,也有黑夜,黑夜的到来并不是一天的结束,黑夜仅仅是以不同于白昼的另一种形式继续着这一天,黑夜是完整的一天不可或缺的一部分。

由此，我想起了《歌德谈话录》中的一个片段：

当歌德预见到自己将不久于人世，他告诉了他的朋友和学生艾克曼，艾克曼十分难过，歌德于是告诉他，不用难过，死亡对于我而言不是我在宇宙中消失，而是我以此一种能量存在形式转化为彼一种能量存在形式，某种程度上，可以说是我从肉体束缚中解脱，得以弥漫于无限时空——一种更自由的存在状态、更无拘无束的存在性。

当时读到歌德谈论自身死亡时的这一番气势恢宏的感悟，不禁肃然起敬！何等伟大，何等壮美！死神的阴影威胁不了歌德，歌德已超越死亡，他比死亡站得更高，所以他永垂不朽。

看过一部小制作的法国电影——《后来》，里面有个情节至今我印象深刻。那是一对父女之间的一段对话，女儿10岁左右，对话关于死亡，起因是父亲知道自己的妻子快要死去。

父亲问女儿："对于死亡，你知道些什么？"
女儿自信地说："我知道，在我们死后，我们被埋葬到泥土里，在地底下，有鼻涕虫，这些鼻涕虫一点点把我们吃掉，然后我们就不存在了。"

父亲笑了笑："是啊，科学上是这么说的。但是你知道我是怎么想的吗？你想让我告诉你吗？"

女儿说："说吧。"

父亲回答："我想，我们不会消失。当我们死后，我们不存在了，又或许我们会更好地存在着。你知道我为什么这么想吗？当你看见一艘船渐渐地消失在海面上……你见过船渐渐地在远处消失吧？当一艘船消失了，我们看不见它了，但我们能说它就不存在了吗？"

女儿回答："不能。"

父亲继续："是啊，所以我觉得死亡也是同样的道理。就像是生命出于某些原因渐渐地远离我们，虽然我们的眼睛看不见它了，然而它却依然存在着。"女儿似懂非懂地点点头，眼神中仿佛多了一点释然。

也许，我们当中很多人对死亡的看法，就像那个 10 岁的女儿所理解的那样：死去、掩埋、腐坏、消失……冰冷恐怖。但是也有一些人看待死亡就和这位父亲一样，对他们而言，死亡是生命进入了另一种存在形式，抵达了另一个存在界面。

就像他说的，大海上的航船驶向远方，离开了人们的视线，但它们并没有离开这个世界。人们看不见它们了，但它们依旧存在，以一种人们看不见的方式存在着。或许，死亡也是一样，人们离开了我们的视线，但他们依然存在，以一种我们看不见的方式存在着。

以善意解读天意

我们没有谁经历过死而复生,没有谁敢说自己真正理解什么是死亡,死亡究竟是怎么一回事。但既然它是一件不可抗拒、难以逃避的事,是自然赋予一切生命的必然归宿,我们与其一味惊惶焦虑,患得患失,倒不如尝试去探究一下大自然的这一安排:是否隐含了某些对人生有益的特殊营养?

想一想,自然给了我们眼睛,它们为我们探知光明与色彩;自然给了我们牙齿,协助我们饮食;自然给了我们五脏六腑,它们各司其职,分工管理我们身体的各项机能。那么自然最后给了我们死亡,正如它最初给予我们生命,其中是不是也有某种需要我们去感知和发现的深层美意?

哲学家说:干扰我们的,不是事物本身,而是我们对事物的看法。

或许，死亡原本并不是什么特别可怕的事情，真正使我们惊惧不安的是我们对死亡的无知，以及由此而来的害怕。无论是神还是鬼，玄学还是科学，人们对未知事物似乎总抱有一种近乎本能的恐惧，这种恐惧扰乱人的心智，影响人的判断。

在"死亡是什么"这个问题上，人人无知，因而人人平等，没有人堪称权威。

我们只是知道一个事实：有生必有死，人的有生之年，每天都在迎向死亡。但是对于人人皆有却人人无知的死亡，我们并非完全无可作为，只能守株待兔、坐以待毙，我们并非没有选择。诚然，我们不能选择自己死或不死，因为生命必有一死，但我们却可以选择自己如何去看待死亡，如何去面对死亡——你可以选择对它视而不见，自欺欺人地就当它不存在，你也可以选择正视它，心平气和地去沉思它，在理解的基础上与它和解，发自内心接受这迟早会发生的事实；你可以选择忍受它，将它视为悬在我们头顶、随时可能坠落的"达摩克利斯之剑"，你也可以选择享受生命，珍重每一个今时今日，然后，当死亡降临，就像酒足饭饱的一场盛宴之后，我们坦然离席；你可以选择做三楼的那个人，视它为那座不可逾越的大山，为之绝望悲观，你也可以选择顺着精神阶梯逐级而上，去到那更高的楼层，做十楼的那个人，超越山顶的高度，摆脱死亡的威慑力，转而将现有的生命活出更多的欢乐与豁达。

也许，死亡，不过是生命之流中的一个环节，只是一个环节，不是一个终结；它显然是一条道路的尽头，却也有可能是另一条道路的开端。

你选择如何去看待死亡，决定了死亡对你而言意味着什么。

当你害怕它、躲避它，它就越发变得令人毛骨悚然；当你学着去直视它、探究它，发自内心理解它、接纳它，那么它也就像一年中的春夏秋冬、一季中的雨雾阴晴、一天中的月升日落一样，成了自然过程中再正常不过的一个环节，前一个阶段到此告一段落，同时，下一个尚未可知的阶段由此开启。

四季如此，气候如此，潮起潮落如此，天体运行如此，人的生命既在自然序列之中，亦然如是，"流年周而复始，终古循环不已"（古希腊诗人维吉尔的诗句，引自法国思想家蒙田《我不愿树立雕像》）。

人们为什么那么惧怕死亡？有没有一种可能，人们真正惧怕的是"空虚"？"死亡"之所以让人难以安适，使人无可忍受，或许就在于对于很多人而言，"死亡"就意味着

"自我"的彻底消散，自己成了"一片虚无"？"我"就这样随风而逝？从此世上不再有"我"这个人了，"我"就这么不存在了，再也没有了"我"了？人们害怕空虚，也害怕死亡，而人们对死亡的害怕，是不是因为人们觉得"死亡"意味着永恒的"空虚"？

假如当真如此，消除"空虚"就比超越"死亡"更为关键，消除"空虚"其实就是在超越"死亡"。"智慧，不是死的默念，而是生的沉思。"（哲学家斯宾诺莎）与其煞费苦心却徒劳无功地过度担忧寿命的长短，倒不如去好好想一想如何善用自己这有限的一生，使之充实幸福、富有意义，而不致荒废虚度？所以从这个角度看，懂得如何用心地活、认真地活，比想方设法如何不死不亡，远更有价值，更是对自己这一生的尊重与珍视。

没人喜欢死亡，可不论喜不喜欢，害不害怕，死亡迟早总会来，而且常不期而至，所以惧怕死亡，对生命无益，这不但没用，反而会使人患得患失，倒忘了眼前的人和当下的生活。一个人，尽心尽力地投入每一刻当下的生活，全然的喜怒哀乐，爱恨情仇，这也算彻底地活过了。而一个人，或许只有彻底地活过，才甘心死去。

所以，那些精神世界充实精彩的人在其有生之年，总在不断地追求自由、创造欢乐，并悉心采集和享用这个过程中的一切收获——高光时刻的欢欣鼓舞、低谷阶段的沉痛反思、爱与被爱的悲喜……他们守护人生的珍贵片段、爱的珍贵记忆，这样一来，即使死亡意外降临，要将他们带走，他们也无怨无悔，内心坦然。生命已然如此精彩，如果能在爱中离开，也就因爱永生。

不禁想到了法国作家雨果。当他得知他的挚友，同是法国文学大师的大仲马病危离世的消息，他多么想立刻前往。无奈当时他的孩子正身染重病，他一刻也不能离开，最终无法出席大仲马的葬礼。于是他写信给大仲马寄予追思，信的末尾大致如此：

过不了多少日子，我就能做眼下我做不了的事，我会独自来到你安息的地方。你在我流亡时对我的造访，我会到你的坟墓里回访。（法国作家雨果《雨果散文选》）

诗意的自然

英国诗人威廉·布莱克有小诗一首:

一沙一世界,一花一天堂;双手握无限,刹那是永恒。

在诗人眼中,自然世界连贯一体,万物之间始终存在着一种神秘而微妙的联系与沟通。正如这墙角的一朵小花,对寻常人而言司空见惯,它是如此稀松平常、不值一提,然而如果你细细地去探究它,你会发现每一朵小花其实自成一个系统,自是一个世界。

曾有一位来自植物学专业的学生告诉我,当她解剖开一朵小花,看到这轻盈柔弱的花瓣包裹起来的生命竟是如此精密细致,小花的色彩、形态、气味,配合得如此巧妙,如此符合逻辑,仿佛经过了多少深思熟虑、精心设计,真是不可思议,太神奇了!学生说她面对着眼前的小花,竟然不由自主心生沉醉,深受感动。这样的体验岂是她独有?早在几百年前,德国文学巨人歌德就曾提到过,他在漫长的午后是如何不知疲倦地在树林中、草地上徒步散心,当他走累了,他会随意地坐在某一块大石头上略作休息,时不时就会凝视着山间的一朵小花出神,久久地沉浸其中,遐想联翩。在我们看来,小花只是小花;在歌德眼中,小花是一个世界。

由此想到风云变幻的时尚界,推陈出新,瞬息万变,而它那永远都取之不尽、用之不竭的灵感宝藏,多半还是来源于自然界此一处彼一处墙角的"小花",此一处彼一处鲜艳的蝶、虫、鱼、鸟。就像香奈儿的标志就是那朵永不衰败的"山茶花";风靡半个多世纪的色彩亮丽的"甲壳虫车",设计师称它有"快乐的力量"……

很久之前,我在朋友那里看到过一本厚厚的相册,封面上写着"Jewelry"(珠宝首饰)。当时按捺不住好奇和向往,我立刻翻开了图册,呈现在我眼前的是上百幅微距照片,然而每一幅照片竟然都是一只昆虫的特写,它们每一个细节处的花纹经过了十倍百倍的放大后,看起来那么细致精巧、美轮美奂,它们身体和翅膀左右两侧的图案丝丝缕缕,繁复细密,却杂而不乱,如此错落有致,恰到好处。不禁震撼,即使是人类最伟大的艺术家怕也没有如此放达不羁的想象力，即使是最神奇的画笔刻刀怕也难以切磋琢磨、精雕细镂出这样千变万化的花纹。这不就是传说中的"鬼斧神工""神来之笔"，千百万年来经过自然之手创造打磨的杰作！

　　人们为艺术倾倒，而艺术臣服于自然。乍一看下，当时的我还忖度着这本图册的名字肯定是印错了，这哪里是什么"首饰"，明明是一堆"昆虫"，然而转念一想，名字没标错，这个名字是真好！正需要这样的一个名字，才足以见得图册作者的独具匠心：这就是"珠宝首饰"，每一件都是大自然独一无二的"珠宝"；世界上哪里还能找到任何一件人工的"首饰"能比这生物界中的鱼鸟蝶虫、花草树木更鲜活灵动、华美精巧？它们就是"珠宝"，散落在宇宙天地间，在各处闪闪发光。

万物之道

若果真如威廉·布莱克的小诗所言,在每一朵被众人所忽略的墙角小花里蕴藏着如此这般一个别样的世界,在每一颗微不足道的沙粒中隐匿着不为人知的另一度空间;那么可否由此推断,这个我们所有人生活于其中的、包罗万象的大千世界,也许不过是一朵硕大无朋的"巨花"、一粒经过了无限放大的小小果核,而我们则是附着在巨花上的粉尘、栖身于果核里的微生物,就像斯蒂芬·霍金的《果核里的宇宙》这个书名所提示的那样。

千年前,灵山法会上众生向佛陀释迦牟尼求道问法,他却低头拈花、一言不发,跟前的迦叶尊者则安静侧立、面带微笑。两人皆默不作声,却彼此心领神会,心照不宣。他们为何不置一言,含笑不语?——"道可道,非常道"。世人所称的智慧也好，真理也好，大道也好……一旦涉及宇宙规律、生命讯息这些事关永恒的话题，人类仅有几千年历史的语言文字，何以能充分表达？即使是那些我们眼之可见、耳之可闻、身之可感的万事万物，人类的语言尚不足以说清，更何况那无形无相却又无处不存的"真理""大道""终极"？

人们常说"道在伦常日用之间"。换言之，"道"贯穿一切之中，"道"不尽，那么人类又该如何用有尽的语言去说清无尽的"道"？这似乎是个不可能完成的任务，言有尽而意无穷啊！

所以，当你问什么是智慧，什么是宇宙的规律，什么是真理，什么是生命的大道，释迦牟尼不言语、不说话，他只是凝神看手中的这朵"小花"。其实他是在邀请你跟他一起来看这朵"小花"，他之所以不说话，是因为他要你和他一起听"小花"说话，小花正在用它鲜活的生命对你说话——花谢花开，秋去春来，生成春华秋实，化作落红春泥，小花的一生岂不就是最真切的生命语言？小花如此过完它的一生，而你、我、他人生又何尝不是一样？我们从婴儿、少年、青年，走向壮年，步入老年，这就是我们的一生，也是所有人的一生。其他任何生命之物，哪个不是如此？每一个生命，与这看似平常的"小花"又有多大区别呢？为什么佛陀、迦叶不说话？因为"小花"在说话，用它静默而生动的生命语言。小花的一生轨迹，就是生命的言说。其实沙粒、天空、月光、落叶，也像小花一样，时不时"窃窃私语"，向我们诉说着无声的隐喻。

佛陀不说话，他不要你听他讲，他要你亲眼去看，亲身去体会——生命不是你从别人那里听来的理论，生命此时此刻正在发生，正在流淌，就在你的眼前，就在你的体内，就在你一晃而过的意识里。佛陀要你看手里的这朵"小花"，因为你和我，又何尝不是如此这般同样的"小花"？像小花一样出生、成长、衰败，也像小花一样芬芳、美丽、不朽。如果你能像佛陀那样凝视手中的那朵"小花"并领会其深意，那么你是不是对自己这朵被自然之手、命运之手拈起的"小花"，多少也会有所了然？

有人告诉我，如果你手握自然界的任意一块石头，用心凝视它三十分钟，你会爱上它。听起来有那么点奇闻怪论，倒也不一定是什么无稽之谈。维特根斯坦说"凝视具有一种力量"。真正的凝视不是目不转睛、盯着呆看，而是在传递一种生命的能量，互相的凝视是彼此能量的交流，那是一种远远超越了语言的心灵连接、精神对话。

常怀一份专注、清澈、诚挚，对生存、生命、生活世界常有一种用心的凝视，久而久之，渐渐地会从中发出觉悟的芽，开出智慧的花。

第八章　用心生活

一个人能给予自己的最大诚意，
大概就是自知与自爱。

真诚之心

尊重事实

真诚是不是意味着任何情况下都坚持实话实说，绝不说谎？如果是这样的话，怎么理解"善意的谎言"呢？

曾有年轻人问："当我遇到了一些痛苦与失败，我一般不愿跟父母提，我不希望他们为我担心。所以当他们问我，我总说'没事''挺好的'，我没说实话，却没觉得我不真诚，这应该算是一种善意的谎言吧。如果一个人是出于善意、出于保护对方的动机而说谎，这到底是对还是错？善意的谎言，算不算真诚？"这是个问题。

对于一个你很在意或很在意你的人，毫无疑问应该真诚对待。然而当你得知了一个糟糕的真相，应该对他毫无保留地诚实相告，还是应该对他有所选择地加以隐瞒，怎样做才更真诚？残忍的实话与善意的谎言，哪个更对？哪个更好？哪个更真诚？

不妨先来看看什么是善意的谎言。类似的例子不难设想，假如你必须告诉一个天真的病孩他的严重病情，你会怎么做呢？大多数时候，人们会自然而然地出于主观上的善意与爱护，隐瞒最残酷的那部分真相。按理说，人们都讨厌谎言，也不愿撒谎，可为什么在此时此景之下，避重就轻地说个谎，反而令人更心安？

可见，所谓"善意的谎言"，重点在"善意"，而"善意"的关键在于不求自利，是为利他。换言之，并不是每一个谎言都可以被人随意解释为"善意的谎言"。一个谎言是否出于真正的"善意"，在于说谎者是否有私心——你说这个谎的目的，是为了你自己的利益，还是出于对他人的关爱？如果是前者，就别说什么善意的谎言了，这不过是一个自私的借口，既不真也不诚；如果是后者，可以说是出于善意，这样的谎言虽然失真，倒也情有可原。

不过，不论谎言是否出于善意，谎言终归不是事实，最后总会真相大白。善意的谎言仅仅只能在时间上延迟伤害，但无法从根子上撤销这种伤害。真相本身的杀伤力一直都在，所以，即使是善意的谎言，是发自肺腑的关切，仍要慎用，因为当你以这样的名义去剥夺一个人的知情权，这有可能只是你的自以为是，只是你一厢情愿的自我感动，最终也许会事与愿违，反倒因为你善意的谎言而误导了对方，酿成不必要的恶果。比如长期以来人们似乎习以为常并理所当然地认为，对于一个来日无多的绝症病人，最好的应对方式就是宽慰：别担心，问题不大，只要你好好配合治疗，一定会恢复健康，一切如常。事实上，一个仅有几个月或是几年生命的病人，他对自己的病情并非一无所知，他的切身感受远比他人的了解更为真切深刻。而对于这样的一个病人，很可能他最需要的不是宽慰，却是真相——知道自己还有多少时间？这样他才有机会好好想一想在这所剩无多的时间里，他将要去做哪几件事，将要去和哪几个人认认真真地道个谢、道个歉、道个别。这个时候，所谓"善意的谎言"会不会是在耽误他实现人生最后的愿望？

人与人很不一样，"善意的谎言"并不适用于所有人，也并不总是结出善果，还得因人而异，具体情况具体对待。

善意的谎言，很像止痛片，能暂时解忧，固然也好，但它终究不能根除病痛，之后总还得面对真相。真相是个定时炸弹，随时可能爆炸。对于一个心智成熟的人，或者说一个人心智成熟的标志,也许正在于他宁可承受冷酷的真相,也不要温暖的哄骗,他已然具备足够的心灵强度来接受事实。只有知道真相,才是石头落地,虽很痛苦,却也踏实。很多时候悬而未决的不确定性,无休止的猜疑与焦躁,远比一个单纯的痛苦的结果更折磨人。一个人只有学会承受真相,尤其是痛苦的真相,这痛苦才能真正翻篇。

回到"真诚"最原初的字面含义——"真",素材的真实性;"诚",内心的善意;所谓"真诚",应该是心怀善意地去使用真实的素材,而不是心怀善意地去躲避或掩盖真实的素材。真实是躲不掉、盖不住的。

所以"真诚"二字,其实就像水中的氢与氧,是紧密相连,不可分割的。唯有当"真实"与"善意"二者并存且合力,才是真正的"真诚"。真正的真诚,容不得谎言,即使是再善意的谎言,也是应当去除的杂质。

勿自欺

人生在世,难免偶尔自欺。

所谓"自欺",就是一个人对自己说"善意的谎言"。善意指的是安抚自己的心情,谎言则意味着你所说的与事实不符。换言之，为了让自己好过点，对自己说谎，自己骗自己。一般来说，只有当一个人无法接受真实的自己，无法接受事情的真相，才会用虚构事实来自我欺骗。

直面自己、直面真相，是需要勇气的。"自欺"说到底，就是因为不够勇敢，不敢直面糟糕的自己，不敢直面残酷的真相。这是人之常情，但这不是个小问题，而是一个致命的弱点。因为假如一个人做不到实事求是地正视自己的不足、正视糟糕的事实，那么无数的其他美德，诸如清醒、坚强、真诚、公正……将皆成妄想，不是吗？

当年刚进大学，初入哲学门，从师兄那里听到过这样一个小故事，说的是有一位哲学家深受皇帝欣赏，处处得到皇帝偏爱，宫廷画家对此心怀嫉妒，愤懑不平，一直伺机报复。终于机会来了。就在哲学家生日当天，皇帝为他举办了一个隆重盛大的生日晚宴。宴会上，画家毛遂自荐，主动请缨要为哲学家画一幅肖像画。哲学家欣然同意。于是长久以来心存怨恨的画家为了泄愤，为了让哲学家当众出丑，对哲学家的肖像极尽漫画式的丑化处理，将他描绘得奇丑不堪，画完之后，画家得意扬扬地举着这幅肖像画绕场一周，公示于众人，意图羞辱。皇帝大怒，下令对画家加以严惩。没想到，哲学家当即为画家求情，他说：画家画的那个丑陋的人，确实就是我,而我终生都在与这个丑陋的自己做斗争。

一个人真正想要自我完善,不可或缺的第一步就是——勿自欺,认清真实的自己。

真实的自己意味着一个完整的自己——既包括言行中的美好善良,也包括此一时彼一时内心的邪念、灵魂的丑陋。每一朵真实的小花,有盛开的绚烂,也有凋零的朽败,那个真实的月亮,有其光明面,也有其阴暗面,我们的"自我"何尝不是如此?如果没有自我的"阴暗面",我们何需自我完善,又该完善些什么呢?

奥地利作家斯蒂芬·茨威格曾写过一本记述荷尔德林、克莱斯特和尼采这三位最杰出的诗人、作家和哲人的传记中,他们天赋异禀、超凡脱俗,而他们终其一生都在坚持不懈认清真实的自己并且"与自身的魔鬼做斗争"。

很多人会自欺,对自己说一些"善意的谎言",刻意回避自身的弱点,美其名曰"藏拙"。所谓"藏拙",是对外界对他人有所保留,而不是一个人自己跟自己捉迷藏、自己骗自己的理由。也有人说,自欺是一个人的自我保护机制。殊不知,自欺绝不是一种自我保护,而是一种自我催眠,这不是自爱,而是自害,是内心软弱又死要面子的自恋者,对自己的精神麻醉与身心戕害。长此以往，它不会使人变好，只会使人变傻。

真诚，比完美更完美

怎么做才是真诚地对待自己？怎么做才是真正的自爱与自我善待？

在自知的基础上，改变我能改变的，接纳我改变不了的——对自己身上可以完善的地方尽力去修正，对自身不可改变的东西则予以尊重、接纳，学会与之共处，然后在共处的过程中，尝试着去发掘它们特有的价值。一个人身上有很多东西比如心浮气躁、粗心大意、定力不够、信心不足……可以通过自我调整而有所改变，"天行健，君子以自强不息"。

另有一些东西是一个人与生俱来，浑然天成，或是后天发生，无法改变的，比如生而有之的缺陷、天性、潜能，或者意外、变故、重病……这些东西假如改变不了，不妨就把它当作生命必然的一个组成部分去接受、去共存，假如它们使你苦恼，不妨尝试看看能否将它们从自身的弱点转化为自身的特点，善加使用。由此想到法国思想家蒙田，当众人推荐他担任市长，他这样公然坦言："我记性不好，缺乏警觉性，没有经验，魄力很差。我不抱怨，没有野心，不懂贪婪，不会使用暴力。"（法国思想家蒙田《我不愿树立雕像》）他清醒地认识自己，坦然地接纳自己，然后在工作和生活中学着扬长避短，以此方式自知、自爱、自我善待。

特别说一句，有些"弱点"可能根本算不上"弱点"，根本没必要去改变。比如有的人天生多愁善感，有的人性格内向而不善辞令，这些特点时常会给各人的工作和生活带来一些不便和困扰。于是，不少人就把它们定义为"缺点""弱点"，试图通过否定它们、对抗它们、摆脱它们、改造它们，来让自己变得更好。

事实上，任何一种特质，很难孤立地、绝对地讲是好或不好，它既可能引发坏的结果，也可能产生好的结果。所以古人说：善用之，杀机变生机；不善用之，生机变杀机。可见，绝大多数事物都可正可反，用对了就是正面，彰显优势，用得不对便是反面，尽成障碍；善用之，就能发挥其正向的价值，不善用之，便会导致其负面的弊端。所以，关键不仅仅在于事物本身、特质本身的正反性质，更在于你如何看待它、如何使用它，把它用得妥当不妥当。

一个人天生的东西，很难彻底摆脱，如果你想要减少它对你造成的困扰，重点不在于如何去消灭它，而在于如何把它放对位置、用对地方。就像前文所述，有的人天生多愁善感，敏感多虑，常常容易陷入一种忧郁伤感的情绪，而在亚里士多德那里这种特质恰恰是一个人具有文学和艺术气质的重要标志；再说有的人性格内向而不善辞令，可以说是社交场上一大劣势，然而却又是不少深刻的思想者的性情常态。蒙田说自己有这个那个如此多的缺点，这使得他当然无法胜任冲锋陷阵、血战沙场的将军，却并不妨碍他成为市民心目中宽厚仁慈、富有远见、深明大义、备受爱戴的城市管理者，以至于他曾一度连续两届当选波尔多市的市长。

金无足赤，人无完人。自爱不是要求自己成为完人，而是尽力让自己性格中那些看似不完美的特质，也可以得其所，尽其能，显其长。在这一过程中，其实你慢慢地是在接纳自己、巧用自己、优化自己，即使你并没有刻意追求完美，你却会因此在不知不觉中变得越来越完美。

认清自己、接纳自己、完善自己，是自爱的开始；善用自己不完美的天性，使之在恰当的地方发挥最优的价值，是自爱的完成。

一个人能给予自己的最大诚意，大概就是自知与自爱。

真正的自爱者不要求自己完美，也不追求完美主义。谁都知道，这世上从来没有过完美的人，以后也不会有完美的人。当你要求自己完美，相当于要自己完成一件不可能完成的事，这怎么可能是一种自爱？这更像是一种自我压迫、自我强求。追求完美主义很难带来真正的完美，却容易导致真正的焦虑。

我曾听过一个北欧神话，神话里有一只名叫芬里尔的巨狼，它生性凶残、狂野不羁、四处为害，弄得人神共愤。无奈芬里尔力量惊人，无论用多么结实坚固的锁链去套住它，它总能毫不费力地挣脱，神界屡次派出天兵天将去降服它，不是被它咬伤，就是被它踢翻，每每兵败而归。诸神为此伤透脑筋，拿它一点办法也没有，最后他们请来了善于制造兵器的小矮人，用六种罕见之物制成了一条蛛丝般的魔法细链，将芬里尔死死锁住。它的任何挣扎非但不能松绑，反而会使细链越缠越紧、越锁越牢。就这样，天不怕地不怕、战无不胜的巨狼芬里尔，就这样被一条蛛丝细链制服，再难挣脱。追求完美主义，就是这样一条蛛丝细链，对于"不够完美"的忧虑会从心底削弱你的力量，限制你的自由。

要知道，人无法完美，也无须完美。一个人，不论是否完美，总有人喜欢你，也总有人不喜欢你。

人们不喜欢一个人，可以有各种各样的原因——有人不喜欢你，不一定是因为你不好，也可能是因为你太好，比他更好，你的闪亮反衬出了他的暗淡无光；有人不喜欢你，也可能是因为你以他所无法理解的方式好着，他看不懂你的好，他在你面前感受到了自身的狭隘与无知。

即使你活成了一个圣人，是个空前绝后的完美者，就像传说中的耶稣、孔子、庄子那样，其实也还是会有人喜欢你，有人不喜欢你，还是会有人憎恨你，甚至试图加害于你。既然如此，在无关是非善恶的天性个性层面，一个人大可以活得更本色一点、更真实一些，你大可以活成你自己。反正当你活成你自己，活成真实的你，也还是会有人喜欢你、有人不喜欢你。

然而当你活成你自己，至少你会更喜欢这样的自己，不是吗？当你发自内心喜欢你自己，由衷地为自己真实坦荡的存在而感到心安与喜悦，这才是自信，这才像"自爱"，不是吗？

一个人心怀真诚善待自己，意味着接受真相、不自欺。那么一个人真诚待人是否也同样意味着实言相告、不欺人？

可能有人会产生这样的忧虑：啊呀，实话伤人啊，说出残酷的事实会不会让人难以承受？有必要了解一点：实话实说、说真话，并不等于无所顾忌、口无遮拦。同样是说真话，可以有很多种不同的说法，用不同的方式去说，能产生截然不同的效果，这就是语言的艺术。

很久以前读过这样一则小故事。一个小男孩问一个被领养的小女孩："亲生的孩子和领养的孩子有什么差别？"小女孩回答："妈妈说'亲生的孩子是从妈妈的肚子里生出来的，而领养的孩子是从妈妈的心里生出来的'。"前文提到了"善意的谎言"即使是出于善意，毕竟仍是谎言，终究不够真诚。真正的"诚恳"是"真"与"诚"的结合——你出于善意而说实话，并且你出于更大的善意而选择用最恰当的、最合适的方式去说这个实话。

所以，当你真诚待人，就应对他人实情相告，这是真诚的第一步，这一步就需要很大的勇气，同时在此基础上，可以更进一步，把你的诚意做得更周到一些，为那个你所在意的对象精心挑选一个最适合于他、他最能接受的言说方式去对他说实话，尽力降低由此可能带给他的痛苦与不安。比如关于死亡的话题，同样是实话实说，对成年人有对成年人的说法，对儿童则有儿童的语言，对心智坚强者可以直截了当一些，对心理脆弱的人可能就要间接迂回一点……说实话的方式有很多种，目的却是同一个：既要帮助他理解当下的实际情况、你的真实想法，又要尽可能减少这一事实对他的伤害。如果同时还能对他有所开导，为他指点迷津，助他渡过难关，那就最好不过了。

　　须知，语言不仅仅只是一个传递信息的工具，也应该具有一种开解人心的艺术。

　　真诚自处，真诚待人；不自欺，不欺人。不但不欺人，而且尽力度人、助人、安人。仁者自爱，仁者爱人。

感恩之心

好运难得

一个人为什么要感恩?

因为他人有权对你保持冷漠,有权认为你不重要,有权拒绝为你打开方便之门,有权不关爱你,然而他人没有对你使用这些权利。正因如此,来自他人的每一点关爱、每一个帮助,甚至每一丝微笑,其实都倾注了他人对你的善意、他人为你的付出,这并非天经地义、理所当然,而是他人自发的礼遇,是他人在关键时刻给予你的情分。很多时候你之所以能得到他人的帮助和支持,并非你劳动应得,而是你足够走运;在这么一个紧要关头你之所以能逢凶化吉,未必因为你多么好多么善良,而是因为他人足够好足够善良,竟然愿意在大厦将倾之际向你伸出援手。对于这一份意外的幸运，难道你不该感恩天意吗？对于这个于危难之间出手相助的恩人，难道你不会充满谢意吗？

只有当你意识到他人对你的善待不是他应尽的本分，并非理所当然，你才会对他人的恩惠心存不安，这份不安何其可贵、何其自尊，这是一种珍重，人的感恩之情于此油然而生。

这里的"他人"，不仅指那些在生活中与你擦肩而过、有数面之缘的路人、旁人、陌生人，或与你时有交流的前辈、同学、同事、客户，还包括那些在困境中对你不离不弃、为你全力以赴、与你共担重负的亲人、挚友，还有爱人。

人类的精神恰如人类的视觉，常常非此即彼、偏离中道，要么近视眼，要么远视眼。"近视眼"，是只见一己之私，只关注一时的得失而对长久的益处、未来的价值缺乏远见，对他人的、社会的、后代的生活漠不关心、不负责任；"远视眼"，则是对陌生人的善意和帮助千恩万谢、心怀歉疚，却对亲友爱侣一朝一夕、一茶一饭间的付出熟视无睹、理所当然，反倒会念念不忘他们的各种不周全、各种不尽心，耿耿于怀、心存怨气，一言不合便如数家珍翻旧账，甚至会恶语相向说出很多伤人心的话。不知为什么，人们更常记得远人的恩情，而善于遗忘近人的扶助。

人在世上行走，会遇见好人，也常碰到坏人；命运可能将你安排给一对有爱的父母，也可能把你抛入一个不幸的家庭。并不是每一个人都有幸得到这样的好运——有人爱，有人关心，有人照顾，有人保护，有人在你需要的时候向你伸出援手。

只有对自己得到的一切心存感恩的人，才配得上拥有现在的一切。

让善意流动起来

那么怎样表达感恩呢？感恩，不只是言谢，更在于铭记于心、落实于行。

"言谢"终究只是"言"，是口头致谢，虽也必要，虽也温暖，到底还是不够深彻。你看"恩惠"二字都植根于"心"，"感恩"二字也是一样，基础也是"心"，所以，真正的恩惠是他人发自内心的善意，因此，真正的感恩也当以自我由衷的谢意相回馈。俗话说"大恩不言谢"，不是吝啬言语上的"谢谢"，而在于提醒：再多的口头之谢，终究还是太单薄、太轻易，怎可与危难时对方的深情厚谊相提并论？"谢谢"之所以会成为一种美好的、值得推广的礼貌，正因它是以自身的诚意在回应他人的善意，是以由衷的敬意在致谢对方真挚的关爱。所以，切不可把"礼"曲解为"貌"，肤浅化为一种不走心的社交辞令。真正的"礼"源自一个人的真情实感与品格修养，你之所以道谢，不在于表现你的文明，也不是试图用这一句道谢来还清人情，好像此言一出便已抵偿了他人的关照与支持。

须知，无敬不成礼，是内在的"敬意"使礼貌有内容、有质感、有分量。如果一个道谢，或一次道歉，不是出自内心的一片赤诚，缺乏应有的尊重和真实的情谊，而仅仅是流于表面的形式之"貌"，这本身就是最失礼的一件事。

同时，感恩之情不必急于回报，来日方长，要不然他人的美善反倒被你当成了一份人情债、一个精神负担，反倒成了让你寝食难安、念念不忘的亏欠与压力。诚挚地接受他人的善意，并将这善意传递出去——这才是得体的感恩表达。

接受关爱，享受关爱，并传递关爱，才是感恩的王道。

"恩"在情义。施恩与感恩，不是生意场上商品间的等价交换，而是人心之间的真情流动。所以，真正的感恩之心，不问"取"与"舍"是否价值对等，不会把你从他人那里得到的帮助，与你对他人的回报，放在天平两端称分量，计较孰轻孰重，看看有没有吃亏。

为什么古往今来仁人志士常说"受人点滴之恩，当涌泉相报"？因为"恩情"是无价的。正因无价，所以施恩者不求报偿，感恩者尽心回馈。

所谓"点滴之恩"，不过是施恩者的宽宏自谦，而不应作为"受恩者"对得到与付出的锱铢细究；同样，所谓"涌泉之报"，当是"受恩者"以德报恩、恩恩相报的自发觉悟，而不应成为"施恩者"的贪图索取。感恩者"涌泉相报"的对象，也不仅仅是那个善待了自己的特定恩人，而是一切值得被善待的人。源源不断的泉涌，不只为某一个人解渴，倘若力所能及，何妨惠及更多善良的近人、远人、陌生人？

"感恩之心"意味深沉，首先需要一个人保持敏锐的感知力，能感知到来自近人、远人的大大小小的温情与关切。学会恭敬地接受那些温情与关切，这可是一门重要的功课。有不少人以为接受他人的关爱、温情和帮助，有失尊严，是一种软弱。这可真是大错特错。懂得接受并享受温情与关爱，是一种幸福的能力，这不是软弱，而是领情。然后，在此基础上，学会储存温情与关爱，并将它传递出去，传递给更多需要的人，这是造福，是另一种幸福的能力。

忏悔之心

忏悔源于知耻——知道自己做了错误的事情，或者由于自己的原因造成了对无辜者的伤害，故而无法宽恕自己，难以释怀。

每一次由衷的忏悔，都是一次灵魂的新生。诚挚的忏悔蕴含了两层意思。首先，"认错"：看清并承认自己的过错，不为推卸责任、开脱自己而做辩白、找借口。所谓"错误"，并不像辩论场上的辩题，总是可以找到公说公有理、婆说婆有理的相对标准。很多事情是对是错，有一定的客观标准，不难判断，比如你做的决定罔顾事实、不合逻辑，或者背离人心、不合情理……一个错误，不会因为你巧妙的辩白而变成一个正确；给无辜者造成的麻烦和伤害，也不会因为一个看似合理的解释而一笔勾销。钉子拔掉了，洞还在。错了就是错了，做了错事就该认错。这是文明社会起码的一种尊重和一个自觉。

那什么是"认错"呢？有人认为：所谓"认错"，不就是道个歉吗？说一句"对不起""我错了""以后我不会再犯了"之类的表示歉意的话，然后等着对方回复一句"没关系""算了""都过去了"以示原谅，然后冰释前嫌。这不是一直以来认错道歉的标准剧本吗？然而事情并非如此，真实的生活不是一套程式。

诚挚的"认错"不是形式上"表示歉意"，而是发自内心地深感愧疚与悔恨。你的"认错"，也未必会得到对方的宽恕与谅解，有一些伤害是如此深彻心扉，不被原谅也在情理之中。所以"认错"的意义，并不仅仅在于获得他人的宽恕，更在于你真心诚意为自己的言行感到不齿与自哀。真正的"认错"，不只是给他人一个交代，更是对自己做出的审判。曾有一位参加过二战的德国军官如此哀叹："千年易过，德国所承担的历史罪责却难以磨灭。"真正的忏悔，是对自己的恶行与过错忘不了、放不下、跨不过，难以翻篇，是对自我的品性感到失望、痛苦、不复信任。

常觉得"内疚感"这个东西，是一个特别可贵的良知表达，同时也是个人情感中最折磨人的一种，它内在于心，如影相随，伴随着自省与自责，而长久的自责可说是对个人精神最严酷的一种惩罚。尤其当伤害严重却追悔莫及、无可补救，内疚感就会追随你的一生，阴魂不散。这种时候，受到责罚不但不会增加你的痛苦，反倒是在减轻你的痛苦，成全你的救赎，帮你平复内心的不安。

1970年联邦德国总理勃兰特在访问波兰的第二天，前往华沙犹太区起义纪念碑献花，随后他出人意料地在台阶上对着纪念碑下跪。当时全世界的人，包括德国人和犹太人都为之震惊。有些人认为他没有必要下跪，因为他并没有参与二战的杀戮。事实上，那一跪也不能使历史倒退到二战之前，也不能挽回那么多无辜者的生命，然而，与勃兰特个人的那对膝盖同时跪下的，是大多数德国人深久的负罪感、恳切的认罪和无声的忏悔。勃兰特在尽己之力为德国赎罪，在用德国公然的"尊严扫地"来重建德国的尊严，并减轻德国人蓄积已久的灵魂不安。

由此，来看看"忏悔"的第二层意思——行动的决绝。真正端其心，就要落其行，把思想上的决心化作行动中的断然。如果真心有悔意，必然会致力于改正、改变，这是"悔改"——改了，才是真悔。所以，"忏悔"不是你在电影中看到的那些搞笑情节：找个教堂，对着某位神父泪流满面地悔过，痛斥自己的种种恶行，恳求神父代表上帝对自己的罪行予以宽恕。结束之后，欢欢喜喜一身轻松地离开，然后用已被赦免的"清白之身"，继续作恶。"忏悔"也不像很多人所以为的那样，通过烧高香、修寺庙、为佛像贴金这类布施行善来弥补自己的缺德，填充自己的"亏心"。"忏悔"不是仪式，不是姿态，也不是用重金贿赂神佛以换取宽恕，而是痛定思痛、痛改前非。正如《六祖坛经》所言："何名忏悔？忏者终身不为……永断不作，名为忏悔。"

"忏悔"二字，从字面看——千心、每心。粗解之，心心念念悔过，于是终身不为，永断不作。

好奇之心

我们很多人都渴望自己能够聪明有智慧，或是能上通天文、下晓地理、博闻广识，或是能在某一个领域内、某一个问题上具有超乎寻常的洞见、胜人一筹的悟性。前者使人具备开阔的眼界，后者意味着富有深度。如果我们自己做不到，那么我们常常希望我们的下一代尽可能做到，至少从我身边朋友的情况来看是这样的。

于是就产生了这样一个疑问：一个人怎么样才能变得更聪明更智慧？

《中庸》里有这么一句话："好学近乎知。"真知灼见始于好学。

对我们而言，这算不上什么新奇的道理或者特别的诀窍，倒更像是从头浇下的一盆冷水。谁都知道"好学"的重要性，可是难就难在好学不起来。

《论语》说:"知之者不如好之者，好之者不如乐之者。"

"知"已然不易，"好知"就更难了。对大多数人来说，学习是一件辛苦的事，要让自己不但努力学习，还要爱好学习，以学习为乐就显得更加不近人情、不合常理了。比起好逸恶劳、贪财好色、逞强好胜、好酒贪杯、游手好闲这些随性而自然之"好"，"好学"之"好"何其无趣，何其磨人，何其莫名其妙。都说了"学海无涯苦作舟"，除非出于无可奈何而苦中作乐，否则谁会蹦蹦跳跳、主动热情地投奔学海之苦，谁又会真正享受这种自虐式的癖好？

但是，我们也知道，世上确实存在很多好学的人，而且这些好学者确如《论语》预言的那样最后成了智者。可以说，几乎一切伟人，无论古今中外，的确都是好学之人。不好学，不可能伟大。

那么他们的"好学"秘诀究竟是什么？

使人变得求知好学的神秘咒语恐怕就在于爱因斯坦所说的人类有"神圣的好奇心"。那个能够"把未知变成已知，将无知转化为有用"的最初的原始驱动力、最关键的一个环节——就是人的好奇心。活泼灵动的好奇心激发了人的探索与觉悟。

那么好奇心到底是什么？好奇心源于——一个问题！

一个让自己食不下咽、睡不安枕的问题，一个自己忍不住想要打破砂锅问到底的问题，一个引起了自己极大的探索欲的问题。这个问题使我们如此困惑，以至于牵动着我们的每一根神经，激活了我们的每一个细胞，使我们磨锐了浑身的感觉系统，试图从一切生活细节中挖掘线索，从每一张经过我们身边的人的面孔上寻求答案。我们被这样一个问题驱赶着去寻寻觅觅，四处追捕灵感，从相关的书里，从无关的书里，从与他人的探讨中，从独自的沉思中，从梦境的罅隙里，从旁人一句吆喝里，从路边的一朵小花里，从偶尔飞过的一只蜜蜂的嗡嗡声里……这个过程煎熬而过瘾，有点像恋爱，挠得人心痒痒，既无计可施又无力摆脱。如果我们把恋爱阶段称为"求爱"，那么这个追寻答案的过程就是"求知""求学""求道"。

终于，"皇天不负有心人"，个人的勤奋加上天赋的运气，帮助我们一半必然、一半偶然地得到了那个问题的答案，我们欣喜若狂，这种喜悦大概只能与求爱成功时的心花怒放相提并论了。不过，这样的过程不是一个单向的箭头，在我们找到了想要的答案的同时，在我们求知求学的过程中，我们又接触到了更多陌生的东西，我们以前闻所未闻的东西，于是某一个未知的对象又向我们招手，唤醒潜伏在我们脑海中的另外一个问号，诱惑着我们的好奇心，于是求知欲又将我们引上了下一程"探索"之路……从这一个未知走向这一个已知，却引爆了更多个未知……如此循环往复，周而复始……就像下面的这个简单图式表示的那样：

```
好奇心   →   产生问题
  ↑              ↓
获得答案 ←  寻求答案（求知好学）
```

我曾不止一次提到过哲学家苏格拉底对自己做出的那个富有辩证色彩的概括："我只知道一件事，那就是我什么都不知道（我所知便是我无知）。"——我知道我不知道。

假如我们画一个圆，圆内代表我们所知道的知识，圆外就是我们所不知道的东西，那么我们知道得越多，这个圆就越大，而圆画得越大，它与外界的接触面也就越大。也就是说，我们知道的东西越多，就会发现有更多东西是我们所不知道的，我们不知道的远比我们知道的要多得多。

换言之，已知越多，未知越多。循着这个螺旋式上升的渐进过程，人的知识高度不断向着更高处攀升，同时人类文明随之迅猛发展，包括科技，也包括人文。

所以，进步源于好学，好学源于好奇，好奇源于某一个问题，"提出一个问题，往往比解决一个问题更重要。"（犹太裔物理学家爱因斯坦的名言）

比如科学之源，最初就是一个问题——世界是由什么组成的？或者，宇宙最基本的物质是什么？围绕着这一个问题，出现了古希腊的第一位有史可查的哲学家，被誉为"科学与哲学之祖"的泰勒斯。

他观察生活中的一切，发现万物都离不开水的滋养，依靠水而生存，于是认为世界的本原是水，"水是万物的始基"，是世界初始的最基本元素。而古希腊自然哲学的集大成者亚里士多德对于世界本原的理解则是他著名的"四因说"：万物普遍有四个因素——形式、质料、动力、目的。对于这同一个问题的好奇心，也催生了中国哲学中的"五行八卦"：万物的形成都离不开金、木、水、火、土五种基质，宇宙的运行无一不遵循乾、坤、巽、兑、艮、震、离、坎这一系列卦象的排列组合。

这一个"世界的本质是什么"的问题，激起了人们对于自身生活于其中的这个世界的好奇，也一不小心启动了科学发展的里程。

再如宗教、哲学、信仰，似乎也是源于某一个问题——

人终有生老病死，人每天都在走向死亡，那么面对必死的人生，人为什么而活？古希腊哲人说："哲学就是在精神上不断地练习死亡。"也就是说用哲学思考使自己在向死之境中不断提升精神境界，从而超越死亡。这种超越不是让我们可以不死，而是让我们可以平静而坦然地面对死亡，然后自由而欢乐地迎向生活。"死亡"提出的这一个问题，挑战了，也考验了人类的心灵力量和内在智慧。

又如医学可能是源于一个人想了解自己的身体，想了解人之为人，生命的物质载体、自身的生理系统。一位医学院的前辈上课时对她的学生说："作为一个人，能有机会了解自己的身体，是十分幸运的。"这是一个人对自身的好奇心，对自己与生俱来的身体的好奇心，对一辈子承载着自己的思想与情感、爱与恨这样一个生命容器的好奇心。而"心理学"大概就是源于一个相似的问题——了解自己的精神，潜入自己更深层的意识领域，探索内心世界的秘密。

爱因斯坦说："我没有特别的天分，只是好奇心十分强烈而已。"这"神圣的好奇心"是一株脆弱的嫩苗，它是很容易夭折的。不说别人，就说这位大物理学家本人，他竟也有过好奇心险遭夭折的经历。爱因斯坦回忆说，他17岁进入苏黎世工业大学，为了应付考试，不得不把许多废物塞进自己的脑袋，其结果是在考试后的整整一年里，他对任何科学问题的思考都失去了兴趣。鉴于这个经历,他曾感叹:"现代的教学方法竟然还没有把研究问题的神圣好奇心完全扼杀掉,真可以说是一个奇迹。"

好奇心必然会激发一个人的好学。如果有一个问题使你感到好奇,却没有激起你进一步的求知欲,那么这个问题对你而言或许只是一个思绪飞扬的游戏,暂时驱散你的乏味与疲惫而已,它不是你真正关切的,所以并没有真正点燃你的好奇心,你的好奇心没有真正着火。着火的好奇心才是强烈的好奇心,才是好奇心的神圣之处——它催人求知,欲罢不能。好奇心充满热情,干劲十足,与惰性或慵懒没有关系。

我的一个朋友之所以走上人类学的学习道路,就始于她对"洪水"传说产生的极大好奇:世界上很多民族、国家都有着"大洪水"的传说,除了《圣经》中的挪亚方舟和鸽子的故事,在美索不达米亚、希腊、印度、中国、玛雅等文明中,都有洪水灭世的传说。随着世界各地重新认识他们过去的文化和传说,大家发现这个"大洪水"传说竟然在世界各地都广有流传。而在那个久远的年代,文化与文化之间的沟通远不像今天这样容易和频繁。为什么会有这样的巧合呢?这是个问题,有趣的问题!

"好学近乎知。"在任何时候都不要丢失了我们的好奇心。

随着年龄的增长,好奇心很容易退化,就像爱因斯坦说的,它是很容易夭折的。当我们对什么都不再感到好奇的时候,我们就真的衰老了。

人的生理发展依赖于身体细胞的新陈代谢,那是蓬勃的生命力。但是人的生命不仅仅是生理,还有心理;不仅仅是身体的,也是精神的。正是好奇心的涌动促进我们的精神系统像我们的身体细胞一样新陈代谢。好奇心的夭折,即是精神生命的夭折。当我们丢失了活泼的好奇心,也就丧失了精神生命自我更新的活力。"流水不腐,户枢不蠹",缺少了好奇心的调皮捣蛋,我们的精神生命会因为没有了活力而停止奔腾流淌,最后成为沉淀着废物和垃圾的臭水沟,成为暮气沉沉、浑浊不堪的死水一潭。

商汤王在自己的澡盆上刻了一句箴言"苟日新,日日新,又日新"——每每洗澡时,提醒自己:外洗身,内洗心——每天焕然一新。其实,我们的身体细胞每天都有死亡,都有新生,所以我们的身体确实每天都在更新。

小时候我们看武侠书时,常常会读到这样的情节:修习上乘武功,必须全神贯注,身心合一,否则一旦身心分裂,就容易"走火入魔"。可见,人的身体与精神本是一体,应当相互匹配、同步发展。如果我们的身体随着细胞代谢而日新月异，而我们的精神却拖沓不前、日渐陈旧，那么我们也会像某些练武之人，非但不可能修成上乘的人生功夫——始终对生活充满热情、纯真和希望；搞不好还会因为这样的身心分裂而"走火入魔"——对生活厌倦疲惫，心情麻木抑郁。所以，人的精神更新应当与身体更新基本同步，身心若能保持这样的齐头并进、动态平衡，才是身心的和谐，生命的和谐。

不要轻视那株被爱因斯坦称为"脆弱而神圣"的好奇心幼苗，精神唯有在好奇心的驱动下求知、求学、求道，才能通达"苟日新，日日新，又日新"。如此，我们用心去看的这个世界便总是一个新世界，而我们的每一天也都将是全新的一天。

附　把我说给你听

活成一束光。

大家好，我是陈果。我希望我们能够共度一个非常美好的下午，留给大家一个美好的回忆。

今天的主题叫作"把我说给你听"。但我不会说那些我所知道的知识，也不会说我学过哪些大道理。

在我青少年的时候，曾经流行过一部美剧，叫作《成长的烦恼》。但今天我不是要跟大家谈论我"成长的烦恼"，而是想谈一下我成长的心得。我并不是说，我的这些成长心得，它本身是多么正确，你应该引用过去，从此成为你生活当中的一个指导。我从来都没有那么自大，觉得自己可以做大家的导师，事实也绝对不是这样。

我说的成长的心得，指的是在生活中曾经有那么一些话，感动过我，点亮过我，改变过我，而且现在还在影响着我。可能对你来说，它不一定适用，但因为那是我切身感受到的，所以我很愿意跟你们分享，说不定一不小心，会对你有所启发，如果是这样，那真是太好了。

下面就跟大家分享几句曾深深打动过我的人生格言。我会告诉大家，这几句话为什么动人？它们有什么特别？

每一个不曾起舞的日子，
都是对生命的一种辜负

打动我的第一句话，是来自尼采的一句名言：每一个不曾起舞的日子，都是对生命的一种辜负。

这句话在说什么呢？为什么要起舞？每一个日子都要起舞？在马路上跳舞吗？还是吃着饭突然翩翩起舞？当然不是这样的，尼采说这句话就是告诉你，既然我们不得不来到这个世界上走这一遭，活这一生，那么就请把你的人生过成值得庆祝的人生。如果你的这一趟人生，没有让你觉得值得庆祝，那么某种程度上，也算是一种虚度。就是这个意思。

我们总觉得，"人生"是个宏大的词语。那到底什么叫作人生？我不知道大家是不是认真考虑过这个问题。简单地说，人生就是人的一生。如果我问你，什么叫作人的一生？你很可能会告诉我：一生就是一个时间的概念，它包含了过去，包含了现在，也包含了未来。所以，什么叫作我的一生？那就是我的过去、我的现在和我的未来。

当我们进寺庙去参拜，你会发现，在寺庙的大殿里有三世佛，一尊叫过去佛，一尊叫现在佛，一尊叫未来佛。然后你可能会发现一个特征：一般情况下，现在佛总是放在中间，占据主位，且比其他两尊佛位置更靠前更突显，而且在有些地方，现在佛在体量上比过去佛和未来佛略大一些。你有没有考虑过为什么？为什么在过去佛、现在佛、未来佛中，现在佛位居中心？除了体现时间常识上的逻辑次序，我觉得这里面也许还有一个小小的暗示：现在最重要。过去佛和未来佛，它们某种程度上何尝不是现在佛的一个化身？

什么叫过去？所谓过去，其实就是已经完成的一个现在，不是吗？当我说完了这句话，这句话就结束了，完成了，这句话就从现在变成了过去。所以所谓"过去"就是一个已经完成了的现在。那什么叫未来？"未来"其实就是当下的延续、现在的延伸。所以在时间概念上，我们似乎上了一个当。"过去"和"未来"都只是一个抽象术语，但它们并不真实存在于我们的感知之中，它们跟我们没有发生任何直接关系——"过去"是已经完成了的现在，"未来"就是现在的继续。所以，只有"现在"，每时每刻正在发生的当下这个"现在"，真真切切与我们有关。所以，为什么现在佛比过去佛更靠前，比未来佛更靠前？因为你的过去，是由你曾经的那个"现在"决定；而你的未来，也将由你正在进行中的这个当下的"现在"所决定。

我说这些，是要告诉大家，其实现在、当下、此时此刻，才是时间中最为重要的。现在、当下、此时此刻，才是时间线真正的内核和中心。所以当你活在当下，把当下过好，其实就是在过好你的人生。因为你人生的过去，是由你当初的现在决定的；而你人生的未来，是由你此刻的现在决定的。

所以当你好好地、真诚地、用心地活出你的现在，当这个现在完成了，当它变成了你下一刻的过去，那么，你就已经等于善待了你的过去，而且你也善待了将由这个现在延展出去的那个未来。

"每一个不曾起舞的日子，都是对生命的辜负"，从读到这句话的那一刻开始，我就决定要把我的生命活成一个礼物，活成一个值得庆祝的事情。

之所以在此跟大家分享这些，是因为很多时候我们把太多的关注点放在了未来。就好像你的今天都应该为你的未来做出牺牲，你今天所做的一切都是在为未来做打算，做准备，做铺垫。今天那么重要，却似乎一直是最被你忽略的，你的关注点永远都放在了你的未来。但是，在座的诸位有没有考虑过，什么叫未来？未来永远还没来。永远不来的，才叫未来。

最实实在在的，最真真切切的，正是当下。然后你选择牺牲这个真实的现在，牺牲"现在"这个最真实的一分一秒，去为那个虚无缥缈、永远不来的未来做打算，这真的非常划不来。而且事实上，你的那个虚无缥缈、永远不来的未来，恰恰是由你这个最真实的当下所决定的，所引出的。

很多时候，我们可能真的本末倒置了，人应该好好地活在当下，好好地感受此时此刻，心怀诚意地、用心地对待眼前的这个人、手中的这件事，认真地过好当下这一刻的生活，然后你的未来就从你的每一个当下诞生。从这个美好的当下延续出来的下一个时刻，它不会错到哪里去的。

诗人海子最有名的一句诗是：面朝大海，春暖花开。这首诗的开头也很动人，这句诗是：从明天起，做一个幸福的人。我当年读到，似乎有点明白了海子为什么选择卧轨自杀。因为从明天开始才成为一个幸福的人，这句话的潜台词就是：今天的我，是不幸福的人。

不要等到明天，才开始做一个幸福的人。就从此刻开始，去创造幸福，就从当下、现在开始，竭尽全力在你的能力范围之内，在你的条件限度当中，去创造你能创造的最大幸福。我觉得这才是生命的一种最强壮的姿态，这才是对自己人生的一种爱与负责。

我说这些话，是"把我说给你听"。我希望自己是个最关注于每一个当下的人，而不希望过于沉湎过去或怀想未来。人生无常，过去已然不再，未来谁又知道？只有天晓得。所以很多时候，我更在意每一个当下，这可能是我能把握的，也是我唯一能把握的。

有一句话说"明天和死亡不知道哪一个先来"，我们唯一能够把握的就是现在，或者更准确地说，就是此时此刻。所以不要等到明天才去幸福，不要等到明天才开始让自己真诚面对自己、面对生活。

每个人对人生都有不同的领悟吧。有段时间，我觉得自己是海上一叶扁舟，随风而行，命运多么不可预测，实在很难判断它会把我带去哪里，它会带给我什么，于是我对自己有了一个期望：无论命运把我带到哪里，高山或低谷，海边或沙漠，不管命运把我带到哪里，我希望自己都能在那个地方好好生活，好好做自己，然后依据自己的能力、按照自己的节奏，创造力所能及的幸福生活，就是这样。

很多时候，命运让我很忙很累。不少朋友一到忙的时候会比较焦虑，我还好，不算焦虑。我尝试着分解所谓的"忙"，把它拆解为一件又一件事。当一个人真的很忙的时候，哪有时间抱怨，肯定还有很多事情等着要做，所以把所有的时间分给劳动和休息，别给自己留时间抱怨。当我们很忙，我们就着手把事情一件一件地去处理、去完成。动手做事本身，可能是对压力山大的焦虑感最好的一种治愈或者淡忘。再多的事情，一旦着手去做了，总能做完的，总会过去的。而当我们变得很闲时，大可以做点不那么讲效率的事情，比如花几个小时抄一本书，我以前抄过《道德经》，抄过《金刚经》，抄的时候专心致志，在这种时候使人感到值得的不是效能，而是内心的平静与自在。

当我们跟朋友们在一起时，好好地对待他们，享受与人相处的热闹与快乐，此为乐群。当我们独自一人待着的时候，你可以自己跟自己玩，自己跟自己玩也可以是一件很开心很自由的事情，或者自己跟自己对话，自己分析自己，自我认识，此为慎独。

当你对生活、对命运存有很高的期待，或者怀抱太坚硬而具体的目标，你很容易患得患失，很容易感到挫败。允许命运的发生，命运是自由的。只有当你允许命运自由，你也自由了，因为你放下了执念，你其实做好了准备，无论命运如何，你尽力在有限条件中活出自己的节奏和最大的自由。这就是尼采的这句话带给我的很多感想，跟大家分享一下。

我自风情万种，与世无争

第二句话是我的朋友对我说的，不是我自己原创的：我自风情万种，与世无争。

我们把这句话解析一下，什么叫"我自风情万种，与世无争"？首先，你的"风情万种"有一个前提条件，就是不要影响别人，不要干扰别人的自由，不要给别人添麻烦，成为别人的负担。然后，在这个基础上做自己，活出真实的你，率性一点，自然一点，从容一点，真诚一点，这样你就会更快乐。

很多年以前，我有一个学生，是个研究生，当时我在食堂吃饭，她坐过来，问了我一个问题，她说："陈果啊，别人喜欢你，和你喜欢自己，哪个更重要？"我记得我当时的回答是："都很重要，别人喜欢你，和你喜欢你自己，都很重要。但是，当两者不能兼顾的时候，你喜欢你自己更重要。"

（作者注：人要怎样做自己、喜欢自己呢？做自己，首先要了解自己。了解自己的天性，了解自己的心愿，然后跟着心愿去选择，顺着天性去发展，在现有的条件下，尽力为自己创造最大程度的自由和心安。这样的自知、自主、自由，最有可能带来自我认可、自我欣赏和自我实现。这些内容已在书中各处具体探讨，此处不再展开。）

实际上，还是那句话，不管你活成什么样，不管你多优秀、多完美，总有人喜欢你，总有人不喜欢你，对吧？哪怕你很糟糕，也总有人喜欢你，总有人不喜欢你。哪怕你完美到像耶稣、苏格拉底那样，还是会有人不喜欢你，有人憎恨你。

所以，请你接受这样一个事实：不管你活成什么样，像不像你自己，总有人喜欢你，总有人不喜欢你。那么结论是什么？当你活成你自己，当你活成真实的你，也还是会有人喜欢你，也还是会有人不喜欢你，但是，当你活成真实的自己，至少你会更喜欢你自己。

一个人喜欢他自己，是一件非常非常美好的事情。当你喜欢你自己的时候，你就会由内而外散发出一种自信，散发出一种自由。

什么叫自信？自己相信自己才叫自信啊。我们现在很多人所谓的"自信"，其实基于"他信"——他人相信我，我才有自信；你们觉得我好，我的自信就来了。这怎么能叫自信呢？这不就是"他信"吗？真正自信的源头，总是来自自身。做你自己，做你喜欢的自己，你才会真正有自信；你喜欢这样的你，你对这样的自己感到满意，这才能带给你真正的自信；一个人的自信终究不是取决于他人喜欢不喜欢你。

当一个人由内而外散发出自由和自信的气象时，可以找出很多很多别称：一个别称就叫作"魅力"；一个别称就叫作"自适"；一个别称就叫作"风情"。这些东西都来自一个发自内心欣赏自己、喜欢自己的人，只有喜欢自己的人才会具有。

现在大多数女性听到"优雅"两个字，就会情不自禁心生向往。你知道香奈儿的创始人可可·香奈儿是怎么定义优雅的吗？她说："言行自如，即是优雅。"

当你的一举手、一投足，洋溢着一种深深的自信，洋溢着一种深深的自由，这就是一种优雅，跟你穿什么衣服真的没关系。所以我想说，用你喜欢的方式做自己、过生活，你会越来越喜欢你自己，而当你喜欢你自己的时候，你就会有种深深的自信，你会有种由内而外散发出来的挥洒自如、自成一格，这种东西其实就叫"优雅"，是独属于你的一种"风格"。这是第一点。

第二点，当一个人发自心底感到自由、自信，他会自带一种令人难以抗拒的感染力。这种感染力在不知不觉中会影响到别人。知道吗？这种由内心深处散发出的自信与自由，给人一种光明、坦荡、勇敢、乐观的影响力，这样的影响力是真正的正能量。真正的正能量，不是口号式地告诉你"你要坚强""你是最好的""你是最棒的"，现在不是很多年轻人都这样吗？即使这是一种善意的鼓励，也实在是一种比较浮夸的鼓励，不构成真正的正能量。

真正的正能量是什么呢？那就是你自己活成了一个光源，你把自己活成了一束光。这个时候，你不需要刻意跟别人说些什么正能量的话，当你活成一束光，谁在接近你，就是在接近光。不管你愿意不愿意，是否意识到，你的光都会温暖到他；不管你愿意不愿意，是否意识到，作为一束光，你照亮了他——这是真正的正能量，不在于你说什么，用什么语言，而在于你的存在本身、你的生命气象，给人力量。事实上，当你自己活得很压抑，很沉重，很怨念，很不幸福，当你自己活得充满负能量，不管你说什么正能量的话，价值都是打折的。坦率地讲，一个活得很不幸福的人，你真的能够对别人的幸福给出什么有用的建议吗？

所以，你要用你喜欢的方式做自己，做你喜欢的自己，让自己活出由衷的自信、真挚的自由。什么时候当你发自肺腑地开始欣赏、喜欢你自己，你就会自带光亮，你就会自发一种感染力，如此这般，你不用太过在意你该说什么，你浑然不觉的生命状态远比你的任何有声言语更有力量，你的存在本身便是一束光。自由，自信，自适，从容，风格，优雅，这些美好的元素在你身上融为一体，不期而得，重要的是，努力地活成一束光，活成自己的光源；在别人需要的时候，你还可以分一点光亮，匀一点温暖；自足助人，自立达人，多好啊。

然后还有一点，常有些朋友会问那些特别一言难尽的问题，比如说："陈果啊，怎么样才能找到知己好友？"

俗话说：物以类聚，人以群分。只有同等能量的人，才能相互识别；只有同等能量的人，才会真正相互欣赏；也只有同等能量的人，才有可能成为知心好友。我希望大家明白我这句话的潜台词——你想要什么样的好朋友，你就得先活成什么样的人！因为当你变成了怎样的人，你才会吸引来同样的人。当你希望有一些发自内心懂你、喜欢你的朋友，那你先得让自己活成你发自内心真懂、真喜欢的那种人。

另外，一个真正很爱自己、很喜欢自己的人，一定热爱生活。

我爸曾说：当一个女人对镜子微笑的时候，其实是在对全世界微笑。不是吗？当一个人对镜子微笑的时候，她其实是在对自己微笑，而当一个人对自己微笑的时候，其实她就是在对生活微笑。对生活微笑，是一个爱生活的人。换言之，当你对自己感到满意，你会对自己所生活的世界多一份感激或包容，一方面是感激，因为正是那些美好的生活片段、人间真情把你变成了你所满意的这样一个自己；另一方面是宽容，虽然生活中那些令人不堪回想的人与事让你痛心不已、失望透顶，但是它们终究没能把你变成你所讨厌的人，它们没能阻止你继续沿着自己的路，活成你所满意的自己。

所以，当生活如意时，你享受你喜欢的生活，也享受你喜欢的自己——喜欢这个在阳光灿烂下缤纷起舞的自己；当生活不如意时，也许你不再喜欢你的生活，但至少你还可以继续喜欢你自己——喜欢这个在幽暗隧道里仍在努力发着微光的自己。你看，一个人活成喜欢的自己，活成自己的光源，是多么有意义的事情；这让你"穷不失义，达不离道"，在顺境中自在欢畅，在逆境中不失信念，而这种信念在关键时候可以帮你扛过暗夜、渡过难关。

把有意义的事情变得有意思，把有意思的事情变得有意义

这第三句话，是我的学生教我的。他是一个本科生，大一或大二。他说，对他来说，生活当中有一件非常重要的事要做，什么事情呢？"把所有有意义的事情变得有意思，把所有有意思的事情变得有意义。"我觉得这话太妙了——这就是生活的艺术啊！

我们活在这个世界上，会碰到很多有意义但却显得很无趣的事。把一切有意义的事变得尽可能有意思，同时，又把一切你觉得有意思的事情尽可能变得很有意义。变索然无味为妙趣横生，又从妙趣横生中挖掘出更多价值，真是生活智慧。

很多时候，在我们的生活当中，有很多有意义的事情，你也许不那么喜欢，但是你必须花时间做。好，既然你不得不花时间做，那你为什么不把它尽可能做到精彩，尽可能做到好玩，让这件事不但不是浪费你的时间、消耗你的好心情，还能给你带来更多有益的营养呢？

就像有很多人不喜欢做家务，为什么呢？因为在很多人看来，家务就是一个不得不做却毫无乐趣的事情。然而很多人又喜欢花钱到外面的健身中心去做瑜伽、做健身。曾有一位非常有魅力的外国女士曾跟我讲，做家务时，如果你把每一个动作尽可能伸展开，拉伸到极致，你就把你的家务变成了一场免费的瑜伽，变成了一场自我欣赏，变成了一种身心修养。这就很像我学生说的那句话——尽力把一切有意义的事，变得有意思。

很多事情，不要听到周围的人说没意思，你就认定它一定没意思。还真不一定。有一位前辈曾分享一个小故事，说一个小男孩正在玩小皮球，旁边正有一位粉刷匠一边用口哨吹着歌一边刷着墙,粉刷匠工作得如此专注,如此带劲,他的每一刷都配合着他口哨的节奏,时不时还会花样百出地更新歌曲、变换姿势,刷得不亦乐乎,以至于小男孩停下了玩球,满眼羡慕地跑上前去问粉刷匠:"先生,你好,我可不可以用我的皮球换你的刷子?"

一件事情有没有意思,常常不在这件事本身,而在于做事的那个人——是谁在做这件事,他在用怎样的一种心态做这件事?你完全可以试试看,能不能发挥你的个性特质与聪明才智,把这件对不少人而言没什么意思的事情,做得有趣,做得愉快,做成一个精品?因为是你在做,用你的方式在做,所以你把它做得那么完整,做它的整个过程变得那么美?能把看似平庸的事做出个人风格,这是真正的有个性。

因为你长了一颗别致的心,因为你有一个独特的看世界的眼光,因为你对生活抱有一种脱俗的观念,因此那些让他人感到乏味庸俗的事情,到了你这里就变得别开生面、趣味盎然,这真的很酷!何不试试,这多有智慧啊!

告诉他们,我度过了幸福的一生

第四句话是我今天分享的最后一句话,它来自大哲学家维特根斯坦。

维特根斯坦是个怎样的人呢？他的父亲是欧洲钢铁大亨，母亲是银行家的女儿。维特根斯坦家族在欧洲声名显赫，富可敌国，他们在奥地利的房子俨然是一座宫殿，据说家里的房间多得数不清，家里上上下下、里里外外有好几架钢琴。他的兄弟姐妹们个个都是社会名流、业界精英，勃拉姆斯、马勒等世界级的音乐大师都是他们家中的常客。维特根斯坦是家里最小的儿子，不但精通哲学，是数一数二的哲学大家，同时在音乐、建筑、数学等多个领域都有着深刻的见解和惊人的天赋。

这么有钱的一个哲学家，拥有非凡的头脑、非凡的财富，这本来是件多么幸运的事，可是从小生活优渥的维特根斯坦却早早地觉得，金钱不能带给他幸福。所以在很年轻的时候，他就成心选择远离家财，执意去过那种最简陋、最朴素的生活。据说他做过园丁，修修花，剪剪草，晚上就在大棚里面和衣而睡；他也曾只身跑到很远的乡村小学教书，给小朋友讲植物学、动物学和建筑学……直到他遇见了另一位伟大的哲学家罗素。

我们知道，罗素也堪称全才，他是数学家、文学家、历史学家、哲学家，总之是集各种"家"于一身。维特根斯坦同学与罗素亦师亦友。此后，维特根斯坦便经历了众人眼中的一个华丽转身，从一名乡村男教师变身为剑桥大学的哲学教授。然而好景不长，他讲着讲着哲学，发现这世上没几个人真正能理解他的思想。当时适逢二战，他又一转身，离开了剑桥的哲学讲台。你们知道他去干什么了吗？他跑到了医院，去做护工，在那里清扫卫生，搬运打杂，做一些最不起眼的体力活，可他却做得尽心尽力。

直到有一天，医院的一个医生认出了他。医生惶惑不安地走到他跟前，怯怯地问他："请问您是哲学家维特根斯坦吗？"据说，这位伟大的哲学家面色苍白，只是冷冷地说了一句："别告诉别人我是谁。"

晚年，这位出身豪门的哲学王子就这样在清贫的生活中度过了余生。而他留给这个世界的最后一句话，他的遗言，却正是这一句话——"告诉他们，我度过了幸福的一生。"

我听到这句话的时候，似乎一下子找到了人生的终极目标。我人生的终极目标就是，有一天当我离开这个世界，我能像维特根斯坦那样，坦然无憾地对身边的人说："告诉他们，我度过了幸福的一生。"

谢谢。

（本文根据陈果在 2017 年 3 月 25 日线下分享会的演讲内容整理而成。）

尾记

从独处到相处，从青春到老去，从生到死，生命的每个环节、每个阶段各有惊奇，也总会伴随着大大小小、深浅不一的各种绕不开的难题，我们一边在尽力解决迎面而来的一个又一个难题，一边又在感受着其中的温情与纠结、快乐与悲伤，这个情理交织的过程就是生活。

《好的孤独》最初发乎于情，因为面对生活的种种难题常常感到困惑。一方面做不到绕开或无视这些困惑，假装无惑地生活下去；另一方面又不安于就此这么困惑下去，久受其扰，于是决定干脆就把这些困惑当作自己人生的功课，尝试看看能不能用哲学思考的方式去梳理、剖析、解惑，以此更读懂生活，也更热爱生活。

出版至今，几年过去了，随着个人的身心成长，所见所闻不断增加，所思所感也就跟着有了变动更新，于是我对《好的孤独》做了这一版的修改。

有些地方做了一些内容和结构上的调整，有些地方补充了一点新的看法，在此不一一罗列。

希望经过这一版的修订，《好的孤独》能以一种更清晰、更深切的新面貌给读者带去更多阅读和思考上的启发与快乐。

陈果

2024年初于上海

好的孤独

作者_陈果

产品经理_岳爱华　　插画设计_鸟川芥　　装帧设计_董歆昱
物料设计_于欣　　技术编辑_顾逸飞　　责任印制_刘淼　　出品人_王誉

营销团队_毛婷　石敏　王立　　视频团队_朱西西　艾思嘉　赵茹威

鸣谢

一草

果麦
www.guomai.cn

以微小的力量推动文明

图书在版编目（CIP）数据

好的孤独 / 陈果著 . — 济南：山东画报出版社，2024.6（2024.11 重印）
ISBN 978-7-5474-4908-0

Ⅰ.①好… Ⅱ.①陈… Ⅲ.①人生哲学 – 通俗读物 Ⅳ.① B821-49

中国国家版本馆 CIP 数据核字（2024）第 110081 号

HAODE GUDU
好的孤独
陈果 著

责任编辑	刘 丛
装帧设计	董歆昱
主管单位	山东出版传媒股份有限公司
出版发行	山东画报出版社
社　　址	济南市市中区舜耕路517号　邮编 250003
电　　话	总编室（0531）82098472
	市场部（0531）82098479
网　　址	http://www.hbcbs.com.cn
电子信箱	hbcb@sdpress.com.cn
印　　刷	北京盛通印刷股份有限公司
规　　格	145毫米×210毫米　32开
	7.5印张　8幅图　130千字
版　　次	2024年6月第1版
印　　次	2024年11月第10次印刷
印　　数	138 001—148 000
书　　号	ISBN 978-7-5474-4908-0
定　　价	58.00元